L'ART D'ÉLEVER

LES

VERS A SOIE.

PARIS, IMPRIMERIE D'AD. MOESSARD ET JOUSSET,

rue de Furstemberg, 8 *bis*.

L'ART D'ÉLEVER

LES

VERS A SOIE

MIS A LA PORTÉE DE TOUT LE MONDE,

et contenant

Un Précis historique sur le Ver à soie, les soins que réclame son éducation, quelques détails sur le Murier, et une Notice sur l'établissement des Bergeries de Sénart;

Par M. F. D. Pillot.

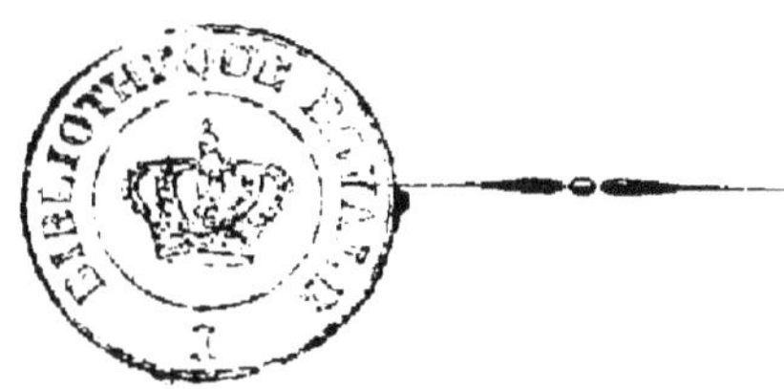

Paris.

LIBRAIRIE ÉLÉMENTAIRE ET D'ÉDUCATION

DE F. D. PILLOT, ÉDITEUR,

Rue Saint-Martin, 173, près le Passage de l'Ancre.

1839.

Au Docteur A. N. Saucerotte, Conseiller
de Cour et Chirurgien-Dentiste pen-
sionné de Leurs Majestés et Altesses
Impériales de Russie.

Mon Ami,

Inspirée par l'amitié, dictée par
la reconnaissance, une Dédicace est
toujours sincère : telle est celle que je

t'adresse, et c'est avec confiance que je viens t'offrir mon travail, persuadé que tu l'accueilleras avec intérêt, et que tu considéreras cet hommage, quelque faible qu'il soit, comme un gage certain de la profonde gratitude et des sentimens inaltérables que t'a voué pour la vie,

Ton Ami,

F. D. Pillot.

Paris, 3 Mai 1839.

AVANT-PROPOS.

Depuis quelques années, l'éducation des Vers à soie a pris un tel développement en France, qu'il semble que chacun veuille, sinon exploiter en grand cette belle industrie, du moins se procurer une heureuse occupation, et préluder, pour ainsi dire, aux brillantes destinées promises dans notre pays à ce précieux insecte, par des essais qui souvent encore ne sont considérés que comme d'utiles et agréables délassemens.

En m'exprimant ainsi, je n'entends nullement parler des établissemens qui existent déjà depuis long-temps dans plusieurs parties, et surtout dans le midi de la France, ni même de ceux fondés aux environs de la capitale, et que j'aurai souvent l'occasion de citer : il ne s'agit ici que de ces nombreux amateurs qui, émerveillés des succès prodigieux, des admirables résultats obtenus dans ces derniers établissemens, veulent à leur tour tenter des expériences toutes d'agrément aujourd'hui, mais qui plus tard, devenant plus sérieuses, pourront tourner au profit de ceux qui les auront entreprises.

Et en effet, quoi de plus naturel,

lorsque le succès aura couronné un premier essai, que d'en tenter un second plus important, quand surtout les circonstances de temps, de lieux et de possibilité seront devenues plus favorables! Jeune encore, livré au perfectionnement de ses études, l'étudiant qui a suivi des cours sur l'éducation des Vers à soie, rentre chez lui, en élève dans sa modeste chambre une quantité souvent bien minime, et en suit les progrès journaliers avec un soin presque religieux; s'il réussit, combien alors il s'estime heureux! et lorsque plus tard viendra le moment de se choisir un état, quelle influence ne pourront pas avoir sur le choix qu'il fera, les premiers succès qu'il aura obtenus.

C'est pour cette classe si intéressante d'éducateurs que j'ai entrepris de tracer les règles à suivre pour élever les Vers à soie : ce n'est point un traité scientifique que je prétends donner, car déjà un grand nombre d'ouvrages, fruits de profondes recherches et de longues études, ont été publiés par des hommes qui joignaient le savoir à l'expérience ; mon but est plus simple, plus approprié à la circonstance d'actualité que je viens de rappeler, c'est en un mot la mise au jour d'une pensée qui peut grandir et s'étendre, car j'ai toujours cru que celui qui pouvait *concevoir une pensée* était coupable envers la société, s'il ne cherchait à l'utiliser pour le bien général.

Un mot sur l'origine, en France, du Ver à soie, les soins à lui donner durant son existence, un aperçu sur la culture du murier et le dévidage de la soie, et quelques détails intéressans sur l'établissement des Bergeries de Senart, si habilement dirigé par son savant et désintéressé fondateur, M. Camille Beauvais, tel sera mon travail. Puisse-t-il être favorablement accueilli, puisse-t-il être surtout de quelque utilité, et je regarderai comme un jour heureux celui où j'ai eu la pensée de mettre à la portée de tout le monde : *l'Art d'élever les Vers à soie.*

L'ART

D'ÉLEVER LES VERS A SOIE

MIS A LA PORTÉE DE TOUT LE MONDE.

CHAPITRE Ier.

Précis sur l'Origine du Ver à Soie.

Le Ver à soie, en grec βόμβυξ, en latin *Bombyx mori*, peut, à bon droit et à plus d'un titre, réclamer ses lettres de noblesse; car, à une antique origine, qu'on fait remonter à plus de deux mille cinq cents ans avant l'ère chrétienne, il joint les services éminens qu'il a rendus à l'humanité depuis qu'elle en a fait la conquête.

Tout le monde sait que c'est en Chine,

dans ce pays si vieux d'existence et de civilisation , que le Ver à soie a pris naissance ; néanmoins , ce n'est pas de ce dernier pays que fut tiré le nom de la précieuse matière , mais bien de la Sérique, province de l'Inde au-delà du Gange , où cette industrie était le plus répandue : le produit de ces insectes fut donc appelé par les Romains *Sericum*, d'où nous avons fait soie.

Ainsi , de la Chine le Ver à soie passa dans l'Inde, de l'Inde dans la Perse, et se répandit promptement en Asie où il obtint partout les plus brillans succès. Des missionnaires, à leur retour des Indes, le rapportèrent en Europe où il fut accueilli avec enthousiasme. Nous ne nous étendrons point sur ce qu'il devint jusqu'à son admission parmi nous, ce serait aller au-delà du but que nous nous sommes proposé ; mais nous dirons, cependant, qu'il y a lieu de croire qu'il fut introduit en France vers le milieu du xve siècle , sous le règne de Charles VII, puisque à cette époque , ainsi que nous le verrons plus tard, la culture du murier y était connue, et que la Provence en possédait déjà un certain nombre de pieds. Toujours est-il que, dès-lors, le Ver à soie ne cessa de jouir de la faveur des rois qui, de nos jours encore, lui est acquise.

En effet, après Charles VII, nous voyons Louis XI, Charles VIII son fils, et François Ier donner à cette industrie une vie toute nouvelle, en faisant établir, dans leurs palais mêmes, des *chambrées pour la propagation du Ver précieux;* puis, Henri IV, le Populaire, encourageant la plantation des muriers, et Louis XIV qui, à toutes les gloires qui illustrèrent son siècle, voulut aussi ajouter celle moins brillante, mais plus durable, qui lui était réservée comme protecteur d'un art si utile à la patrie.

Napoléon, ce héros des temps modernes, dont les vastes conceptions tendaient sans cesse à la gloire et aux intérêts de la France, ne se lassa point d'y porter tous ses soins, et les villes manufacturières en soieries n'oublieront jamais les encouragemens, aussi nombreux qu'honorables, qu'il leur donna, et qui, à cette époque, portèrent si haut cette industrie. Enfin, Charles X s'y intéressa tout particulièrement, et le roi actuel des Français, Louis-Philippe, digne protecteur aussi des arts et de l'industrie, imitant, après trois siècles, l'exemple de François Ier, a fondé, dans l'un de ses palais, non plus une chambrée, mais une véritable *Magnanerie* (1), à la tête de laquelle se trouve placé le savant et modeste M. Aubert, l'un des hommes les plus instruits et les plus experimentés en cette matière.

Telle est, bien en abrégé sans doute, l'histoire du Ver à soie, avant et depuis son introduction dans notre pays : un grand nombre d'auteurs, tant anciens que modernes, s'étant spécialement occupés de cet intéressant sujet, nous ne croyons mieux faire que d'engager à y recourir, ceux qui

____

(1) Les habitans du midi appellent le Ver à soie *Magnan*, de là Magnanerie, pour désigner l'établissement où s'élèvent les Vers à soie.

désireraient faire des études sérieuses à cet égard ; et , comme il est nécessaire que celui qui veut entreprendre une éducation , quelque peu considérable qu'elle soit , connaisse ce qu'il peut y avoir de plus important dans la culture du murier, dont la feuille seule nourrit utilement le Ver à soie , nous allons nous occuper de ce qui a rapport à cet arbre bienfaisant que les anciens nommaient, à si juste titre , l'arbre d'or, et qui n'est pas moins utile aujourd'hui qu'il ne l'était autrefois.

CHAPITRE II.

Du Murier, de sa Culture et de ses Produits.

Ainsi que le Ver à soie , le murier compte une ancienne origine, et, comme tout ce qui est relatif à l'art dont nous nous occupons est digne du plus grand intérêt, nous pensons qu'il ne sera pas hors de propos d'entrer dans quelques détails sur cet arbre, jadis étranger en Europe, mais qui y est actuellement à peu près naturalisé.

Le murier, *Morus*, Linn., en grec Μορέα, est, selon quelques-uns, originaire de la Chine, où, trente siècles avant J.-C., il était cultivé dans le même but que de nos jours. D'autres, lui assignent la Perse pour patrie, d'où il serait passé chez les Maures, qui l'auraient transporté en Espagne lors de la conquête qu'ils en firent. De l'Espagne, cet arbre se serait propagé en Grèce, où il aurait même donné son nom à la Morée; de là, en Italie, puis enfin en France, où il fut introduit sous le règne de Charles VII.

A cette époque, sa culture était tout-à-fait restreinte, et ce ne fut que deux règnes après qu'elle commença à acquérir une certaine importance. Nous lisons, en effet, dans les mémoires du temps, que des recherches et des expériences étaient déjà faites, sur le produit des muriers, par un homme dont les travaux en agriculture at-

tiraient l'attention de son souverain, le roi
Henri IV, qui sut distinguer, dans Olivier
de Serres, un de ces rares et bienfaisans
génies, envoyés pour le bonheur et la véritable gloire du siècle qui les voit naître.

Ce fut effectivement d'après les conseils
de ce célèbre agronome, dont les ouvrages
sont encore estimés de nos jours, qu'Henri IV fit planter une quantité considérable
de muriers, jusque dans les jardins de son
palais, ce qui donna une impulsion immense à cette culture; et depuis, à quelques
exceptions près, elle n'a cessé de s'étendre
en France.

Les limites que nous nous sommes im-
posées dans cet ouvrage ne nous permettent
pas d'entrer dans tous les détails relatifs à
la culture du murier ni à ses nombreuses
variétés, nous nous contenterons, ainsi que
nous l'avons déjà dit, d'indiquer ce qu'il y
a de plus important à connaître pour ceux
qui ne veulent point entreprendre d'éducation sur une grande échelle, mais seulement
dans de moindres proportions.

On compte un nombre infini d'espèces ou variétés dans le murier ; mais les principales, ou plutôt, les muriers primitifs, sont les muriers blancs et les muriers noirs : ce sont surtout les premiers dont la feuille sert de nourriture au Ver à soie ; et, les feuilles du murier noir, sans lui être absolument contraires, sont loin de donner un résultat aussi avantageux : la soie que produisent les Vers nourris par cette dernière est peut-être plus forte, plus solide, mais elle perd en beauté, et l'étoffe qui en provient, n'est jamais aussi brillante ni aussi soyeuse. Il est donc important, pour ceux qui achètent, au jour le jour, la nourriture de leurs Vers, de connaître les différences qui existent entre les feuilles de ces deux variétés.

La feuille du murier blanc est d'un beau vert clair et à dentelures fines et serrées : celle du murier noir, au contraire, est de couleur foncée et beaucoup plus épaisse que l'autre ; de plus sa surface est veloutée, et on la distingue encore par sa forme qui souvent présente cinq lobes, et par ses dentelures qui sont plus grandes que celles du murier blanc.

Le murier de Constantinople, le murier d'Italie et le murier nain sont à peu près placés sur la même ligne que le murier blanc; et ce sont ces espèces que nous conseillerons de choisir, soit pour faire de petites plantations, soit lorsqu'il s'agira d'acheter des récoltes de feuilles. A cet égard, nous devons indiquer ici les caractères principaux auxquels on devra reconnaître la bonne qualité de la feuille. Il ne faut pas toujours s'en rapporter aux apparences, et les feuilles très épaisses d'un vert bien vif et qui paraissent aqueuses, ne sont point les meilleures. Il faut qu'elles soient douces au toucher, flexibles sans être trop molles, bien conservées, et, par conséquent, sans aucune tache.

Le murier se propage de plusieurs manières : par le semis, par la greffe, en le provignant, etc. Nous ne nous étendrons point sur ces diverses cultures, qui ont lieu dans les grands établissemens, nous dirons seulement, pour ceux qui désireraient faire une plantation de peu d'étendue, qu'il faut éviter les terrains argileux et imperméables et choisir, de préférence, ceux élevés et dont le sol ne soit cependant pas trop sec, ni l'exposition trop chaude. Nous ajouterons, qu'on préparera, quelques mois à l'avance, les trous propres à recevoir les arbres, et qu'on leur donnera quatre-vingts centimètres environ de profondeur, sur un peu plus de largeur. Ces trous seront placés à trois ou quatre mètres, au plus, de distance, et les plants, choisis, autant que possible, dans une pépinière bien exposée et habilement conduite, devront avoir de cinq à six ans.

La taille et l'émondage sont aussi très importans pour la conservation du murier, et les directeurs de magnanerie ou les propriétaires de grandes plantations ne doivent rien ignorer à cet égard. Mais comme les connaissances relatives à ces opérations exigent des développemens qui ne peuvent entrer ici, nous pensons que ceux qui ne possèdent que des plantations de peu d'importance, devront s'en rapporter aux conseils et à l'expérience d'habiles pépiniéristes adonnés, d'une manière toute spéciale, à la culture du murier.

Une des plus belles plantations qui existent aux environs de Paris, est, sans contredit, celle de M. Camille Beauvais, aux Bergeries : celle de Neuilly, dirigée par M. Aubert, est également très remarquable, et toutes deux ont déjà donné les résultats les plus avantageux, soit pour les variétés nombreuses qu'elles ont produites, soit par la quantité et l'excellente qualité des feuilles qui s'y récoltent chaque année.

M. C. Beauvais a inséré, dans les *Annales de la Société séricicole* (1) , deux articles sur la culture du murier, dans lesquels les soins à donner à cet arbre sont exposés avec une clarté et une méthode qui font présumer le succès à la simple lecture. Modeste autant qu'instruit, M. Beauvais ne

(1) La Société séricicole à laquelle se sont associés des savans du plus haut mérite, a été fondée en 1837, et déjà ses travaux ont exercé la plus heureuse influence sur l'industrie qu'elle est appelée à régénérer ; ses premiers succès sont donc d'un favorable augure, et doivent donner les plus grandes espérances pour l'avenir.

paraît présenter ses observations, et ne donner ses conseils que comme résultats d'expériences qu'il faudrait tenter encore ; mais nous pensons qu'après des travaux aussi approfondis, et surtout aussi consciencieux que les siens, on peut marcher hardiment, sans crainte d'être engagé dans une mauvaise voie : nous conseillerons donc, sans hésiter, la lecture de ces intéressans articles, et l'application des principes qui y sont développés.

Le fruit du murier n'étant conservé que pour la graine propre au semis, et son feuillage, au contraire, étant pour l'éducateur ou pour l'agriculteur ce qui doit le plus les intéresser, nous allons nous occuper de la récolte de cette feuille. Dans plusieurs parties du midi de la France, cet arbre est cultivé, non-seulement par ceux qui s'adonnent à l'éducation des Vers à soie, mais aussi par des propriétaires, dont tout le revenu consiste dans le produit de la vente des feuilles. C'est même une branche très importante de commerce, et qui, par suite des nombreuses plantations qui se font de tous côtés, prendra de jour en jour plus d'extension. Il est donc nécessaire de faire connaître, tant dans l'intérêt des éducateurs, que dans celui des propriétaires, comment doit s'opérer la récolte du principal produit du murier.

Un principe bien reconnu, c'est qu'il ne faut jamais forcer la nature, et, de même que le coursier livré trop jeune à de rudes travaux ne conserve pas long-temps sa beauté ni sa vigueur, de même l'arbre dont la sève n'est point encore assez forte ou assez abondante, est promptement énervé si on le dépouille trop tôt de ses feuilles ; car alors on surexcite, en quelque sorte, la végétation qui ne peut long-temps fournir une aussi grande quantité de sucs nourrissans et productifs.

Pour ménager les muriers, il ne faut donc pas être trop avide de récolter, et l'on doit attendre au moins quatre ans après la dernière plantation : nous disons, dernière plantation, parce qu'après le semis, la *Pourette* (c'est le nom donné au jeune plant du murier) a dû être transplantée dans la pépinière, pour de là passer à la plantation définitive. On reconnaît que le murier peut être récolté à l'épaisseur de son feuillage, à la vigueur et au lancé de ses branches. Pour cueillir la feuille, on se sert d'échelles doubles, afin de ne point monter sur l'arbre et de ne rien appuyer contre lui. On doit porter la plus grande attention à ne point casser les bourgeons, et au fur et à mesure qu'on cueille la feuille, la laisser tomber, soit dans un sac ouvert appendu à l'échelle, soit sur un drap étendu sous l'arbre. Il faut dépouiller entièrement le murier, mais non le récolter tous les ans; et, bien que plusieurs auteurs soient d'avis que les récoltes annuelles ne peuvent nuire, nous pensons, avec beaucoup d'autres, qu'une année de repos ne peut que fortifier l'arbre, et augmenter son produit l'année suivante. Enfin, lorsque la feuille du murier est jaunâtre, il ne faut pas la récolter : outre qu'elle serait une mauvaise nourriture pour le Ver, elle signale un commencement de maladie, et cette cueille intempestive pourrait nuire beaucoup à l'arbre et même le faire périr.

La feuille doit être récoltée le matin, avant la rosée, ou deux heures après le lever du soleil, afin d'éviter l'humidité; par le même motif, il faut retarder la cueille en cas de pluie, attendre que la feuille soit séchée et l'essuyer en la pressant légèrement entre des draps, pour en enlever l'eau qui pourrait encore s'y trouver.

La feuille ainsi récoltée est transportée dans un endroit frais sans être entassée, ce qui pourrait l'échauffer. Il faut autant que possible enlever les fruits restés aux feuilles, qu'on ne doit cueillir que pour un jour ou deux, car plus elle est fraîchement cueillie, plus elle se rapproche de la nature et mieux elle vaut.

Les autres produits du mûrier consistent dans son fruit arrivé à maturité, et dans son bois qui, outre le chauffage, peut être employé à la confection de certains ouvrages, comme boîtes, petits meubles, etc. ;

mais ces produits étant tout-à-fait étrangers à l'éducation du Ver à soie, nous nous contenterons de les mentionner, et nous terminerons ici tout ce que nous avions à dire sur cet arbre si précieux, dont la culture, encouragée et répandue en France, doit être pour elle et son commerce une nouvelle source de richesses et de prospérité.

CHAPITRE III.

Du choix de la Graine et de l'Éclosion.

Les œufs du Ver à soie sont le produit de son accouplement lorsqu'il est passé de l'état de Ver à l'état de Papillon. La petitesse et la forme de ces œufs leur ont fait donner le nom de *Graine;* et c'est généralement sous cette dénomination qu'elle est connue, non seulement des éducateurs, mais souvent même aussi du vulgaire.

Nous nous occuperons plus tard de la
manière d'obtenir cette graine et des soins
à prendre pour sa conservation. Nous n'a-
vons à traiter en ce moment que du choix à
faire entre les graines qui seraient sou-
mises à l'appréciation, et parmi lesquelles
il pourrait s'en trouver de diverses natures.

Et d'abord expliquons ce que nous enten-
dons par graines de diverses natures.

L'uniformité est, si je puis m'exprimer
ainsi, un des principes essentiels de la
réussite de l'éducation : aussi faut-il, autant que possible, que les Vers qui éclosent
en même temps soient mis ensemble, et
qu'ils éprouvent les mêmes phases dans
leur courte existence. Ainsi, lorsqu'on s'a-
perçoit qu'il y a des retardataires dans la
croissance, il faut les séparer ; de même il
faut qu'ils prennent leurs repas aux mêmes
heures, qu'ils respirent le même air, qu'ils
aient une nourriture semblable, qu'ils
muent en même temps ; en un mot, qu'ils
arrivent ensemble au terme de leur carrière. Tous les Vers qui se trouveront dans

ces mêmes conditions produiront des graines de même nature en s'accouplant; et il en serait autrement pour ceux élevés, à des distances mêmes peu considérables, avec une nourriture différente, et qui, rapprochés au moment de l'accouplement, viendraient à produire : leur graine ne serait pas alors de même nature, et le produit en serait dégénéré.

Toutefois nous devons mentionner que des essais ont été tentés à l'effet d'augmenter les produits ou d'en améliorer la qualité par le croisement d'espèces possédant séparément à un degré supérieur l'une ou l'autre de ces facultés, mais que ces essais ne paraissent pas avoir donné les résultats qu'en attendaient les éducateurs. Il n'entre pas dans notre cadre de rechercher les causes de cet insuccès, qui souvent ne seraient basées que sur des hypothèses, et nous devons encore attendre du temps et de l'expérience la solution de cette importante question.

Lorsque la nature de la graine aura été

fixée d'une manière aussi positive que possible, on en reconnaîtra la bonté à la réunion des conditions suivantes : après avoir été d'abord jaunâtre, puis violacée-rougeâtre, elle doit être en dernier lieu, et jusqu'au moment de l'incubation, d'un gris cendré ; écrasée sous l'ongle, elle doit craquer franchement ; le contenu doit être gluant ; enfin, elle doit être beaucoup plus lourde que la mauvaise, qui se reconnaît à la mollesse avec laquelle elle s'écrase et au liquide de son contenu, provenant de l'infécondation ou d'une détérioration postérieure à la ponte.

La meilleure graine est celle connue sous le nom de *Sina*, venue de Chine, et qui a encore été perfectionnée par les soins de M. C. Beauvais. S'étudiant sans cesse à écarter les Vers qui lui paraissent sans vigueur, rejetant ceux qui sont lents à quitter la litière pour monter à la feuille, il est parvenu à obtenir une graine, sinon parfaite, du moins supérieure, et qui, à juste titre, est aujourd'hui connue sous le nom de *Variété blanche des Bergeries*.

Le choix étant ainsi bien arrêté, il s'agit de faire éclore la graine.

La graine de Ver à soie n'a pas précisément d'époque fixe d'éclosion, puisque cette éclosion peut être retardée ou avancée selon certaines circonstances de température et de végétation, et qu'il y a même quelquefois de grandes précautions à prendre, ainsi que nous le verrons plus tard, pour empêcher qu'elle ne se fasse en temps inopportun. Mais comme rien dans la nature n'est donné au hasard, et que tout est prévu par l'admirable Providence qui préside à la création des êtres, c'est au moment où croît et paraît la nourriture de l'insecte, que le soleil échauffe, développe et vivifie le germe, qui bientôt amené à l'état parfait, sort rapidement de son étroite et tutélaire prison.

C'est donc au moment de la pousse des bourgeons du murier, dont la feuille, ainsi que nous l'avons dit, sert de nourriture au Ver à soie, que l'on doit commencer l'éclosion, et le motif en est facile à saisir : en effet, ce n'est ordinairement qu'à la suite d'une chaleur soutenue pendant quelques jours que l'atmosphère et la terre plus encore commencent à s'échauffer ; la végétation marche dès lors avec rapidité , et après huit, dix ou douze jours , temps à peu près nécessaire pour que l'éclosion soit terminée , les feuilles du murier, quoique non parvenues à une végétation complète , ont néanmoins acquis un développement suffisant pour être données comme première nourriture.

L'éclosion n'avait lieu généralement autrefois qu'à l'aide de la chaleur humaine, et, pour de petites quantités, c'est peut-être encore un des meilleurs moyens. Les autres exigeant des dépenses d'appareils et de localités qui ne conviennent qu'à de grands établissemens, ce ne seraient plus alors des moyens à la portée de tous, et nous engagerons ceux qui voudraient les connaître d'une manière toute particulière, à visiter les établissemens de MM. Aubert à Neuilly, Bourdon à Ris, et surtout l'établissement modèle, si digne d'être connu, de M. C. Beauvais.

Nous indiquerons donc d'abord ici la chaleur humaine comme moyen d'éclosion, et ce sont ordinairement des femmes ou des enfans que l'on emploie pour cette opération. On place la graine, soit une once (31 grammes 25 centigrammes), prenant cette quantité pour proportion, dans de petits sachets en toile, de manière qu'elle ne soit pas pressée et ait un espace vide aussi grand que celui occupé par la graine. On met ce sachet dans le lit d'une femme ou d'un enfant, en observant de ne point le placer le premier jour trop près de la personne, mais de le rapprocher progressivement, en évitant toujours de faire toucher le sachet à la peau nue, ce qui donnerait une trop forte chaleur et perdrait la graine. Mais ce premier mode d'éclosion peut paraître d'un emploi, sinon difficile, du moins fatigant et peu commode; dans ce cas, la femme placera le sachet autour d'elle, d'abord séparé de la peau par plusieurs vêtemens ; ensuite, et après deux ou trois jours, plus près de la peau ; et quand viendra le moment de l'éclosion, le sachet en sera rapproché le plus possible, sans cependant la toucher, ainsi que nous l'avons déjà fait observer. Il faut alors que la graine se trouve dans une atmosphère de 20 à 24 degrés Réaumur. Enfin un mode assez généralement adopté, surtout dans les grandes magnaneries, et qui pourrait être appliqué même à de petites quantités, en considérant la dépense du chauffage comme peu importante, est de placer les boîtes contenant la graine dans une chambre dont la température est montée progressivement de 16 à 24 degrés.

L'éclosion se faisant au moyen de la chaleur humaine, cette chaleur est nécessairement humide ; mais cette humidité même est propice à l'opération, et cela est tellement vrai que, d'après les procédés employés par M. Beauvais, aux Bergeries, l'humidité est entretenue dans la chambre d'éclosion au moyen de linges mouillés à l'eau chaude , qu'ils étendent sur les boîtes où la graine est renfermée , et dont le couvercle est percé de petits trous. Il faut avoir soin d'ouvrir de temps à autre les sachets ou les boîtes afin de donner de l'air à la graine , en observant de ne pas changer la température dans ces momens.

Ainsi conduite, l'éclosion doit durer sept à huit jours , et les vers paraître à peu près dans le même moment. Dès qu'on s'aperçoit qu'ils commencent à sortir , il faut y regarder plus souvent et former des catégories de ceux qui seront éclos dans la même journée ou dans la même nuit.

Le Ver , en sortant de l'œuf , est extrèmement petit; mais s'il a d'abord une bonne nourriture , il grossit promptement. Il est alors noir ou roux et quelquefois rouge ; mais, dans ce dernier cas, provenant d'une éclosion hâtive , par suite d'une chaleur trop forte ou mal combinée , il est rarement bon et ne s'élève pas : on fera donc sagement de le rejeter.

Ainsi que nous venons de le dire, il faut

séparer les Vers éclos de ceux à éclore et les transporter dans une chambre qui a été chauffée au degré convenable, selon qu'il sera expliqué ci-après. Pour les faire passer du sachet ou de la boîte, dans lesquels ils sont éclos, on se sert ordinairement d'un papier percé de petits trous, au travers desquels ils passent pour venir à la feuille répandue sur le papier ; mais j'ai souvent rejeté le papier et j'ai employé la feuille seule du murier, à laquelle j'avais fait des petits trous avec une plume, comme avec un emporte-pièce : je posais légèrement, sur les Vers, ces feuilles bien fraîches et bien propres, sans humidité, et les petits Vers y montaient beaucoup plus rapidement.

Placés au fur et à mesure dans des boîtes ouvertes ou sur des claies en osier recouvertes de papier, les vers sont ainsi transportés dans la pièce où ils doivent être élevés et dont nous allons nous occuper au chapitre suivant.

CHAPITRE IV.

Du Local et de la Nourriture.

La qualité de l'air dans lequel doit vivre et s'élever le Ver à soie, ou plutôt l'atmosphère qui doit l'entourer, attirera principalement l'attention de l'éducateur, et, par conséquent, le choix et la situation de la magnanerie ne devront pas lui être indifférens. C'est encore au bel établissement des Bergeries que nous renverrons ceux qui, voulant tenter des éducations en grand, désireraient connaître des dispositions de bâtimens et de localités intérieures bien entendues, parce qu'ils trouveront réalisé là tout ce qu'ont pu inspirer, à MM. Beauvais, le savoir, l'expérience et les vues constantes d'amélioration qui les animent.

Nous dirons seulement ici que la pièce

où seront placés les Vers à soie après leur éclosion, et que quelques auteurs ont appelée chambre d'enfance, lorsqu'il s'agit d'un grand établissement, devra, autant que possible, être exposée au midi et avoir de trois à quatre mètres d'élévation, car il faut que l'air chaud et l'air froid puissent y circuler librement. On pourra, au besoin, pratiquer des vasistas aux croisées qui opéreront comme ventilateurs, et qui éviteront d'ouvrir trop souvent les fenêtres pour renouveler l'air. La température de cette pièce doit être constamment de 19 à 20 degrés, sauf quelques cas dont nous aurons à nous occuper, et il serait bien d'y placer un thermomètre pour régler cette température. Il faut surtout éviter, lorsque l'atmosphère est refroidie ou trop élevée, de la ramener brusquement au degré voulu, car la transition subite d'une température modérée à une température excessive en chaud ou en froid, pourrait être très nuisible : c'est donc progressivement qu'elle sera rétablie.

Le feu d'un poêle en faïence est préférable à celui de la cheminée, surtout si l'ouverture du poêle est en dehors de la pièce ; car, à l'avantage de pouvoir maintenir plus facilement la température au même degré, se joint celui de ne pas avoir de fumée qui ne peut qu'être très funeste ; enfin, pour entretenir l'humidité nécessaire, on devra placer sur ce poêle un vase rempli d'eau et d'une contenance assez grande, ou étendre en l'air quelques linges mouillés.

Le grand jour, le silence et la propreté sont aussi des conditions essentielles de succès : il faudra donc éviter les mouvemens brusques, le grand bruit, des chocs retentissans, comme ceux résultant des marteaux d'usine ou d'ateliers, circonstances qui inquiètent l'insecte et l'empêchent de prendre sa nourriture et, par conséquent, de profiter : enfin, il faudra proscrire du voisinage les établissemens insalubres et tous ceux qui engendrent des émanations pernicieuses, résultat des matières corrompues qui, y étant employées, vicient l'air et attirent ou font naître des insectes et des animaux qui détruisent les Vers à soie.

Pour une petite quantité de Vers à élever, on les placera dans des boîtes ouvertes ou sur des claies d'osier, à claire-voie, recouvertes de papier un peu fort et avec un petit rebord pour éviter la chute des Vers. Ces boîtes ou claies seront posées sur des tréteaux, autour et dans le milieu de la chambre, de manière à laisser un libre espace pour la circulation. Dans les magnaneries, on élève des rayons à 5o centimètres au plus de distance, pour recevoir les claies, et on parvient aux plus élevées au moyen d'une échelle roulante. Depuis quelque temps, plusieurs éducateurs ont fait construire des planchers à claire-voie pour atteindre aux rayons supérieurs, ce qui facilite les délitemens, offre plus de sûreté aux employés, et ne peut nuire à la circulation de l'air.

Si le Ver à soie est avide d'un air pur mais tempéré, il redoute les vents impétueux, les ouragans et tout ce qui entraîne une variation dans l'atmosphère ; aussi les orages en font-ils périr beaucoup , et , dans ces momens , il faut les garantir des éclairs et même du bruit du tonnerre , s'il est possible. Une remarque que j'ai faite plusieurs fois , et principalement lorsque la température était très élevée , c'est qu'ils pressentent l'orage : deux ou trois heures avant qu'il n'éclate , ils sont plus agités que de coutume, parcourent la feuille sans l'attaquer , mangent moins et tressaillent lorsque l'éclair brille et que la détonation se fait entendre. C'est dans ces jours surtout qu'il faut bien se garder d'ouvrir les fenêtre. Une attention que l'on doit également avoir, est de ne point coucher dans la pièce où se trouvent les Vers , et de ne jamais les laisser séjourner trop long-temps dans des chambres peu spacieuses et continuellement habitées. On doit aussi éviter, en s'approchant des claies, et surtout dans les premiers âges, de diriger continuellement son haleine vers eux.

L'espace que doit occuper le Ver à soie se détermine selon ses différens âges : si au moment de sa naissance cet espace est presque indicible, à la seconde mue déjà, et même avant, il est assez grand pour que souvent l'on soit obligé de transporter une partie des Vers sur une autre claie, ce qui s'appelle les dédoubler, et à la fin de l'éducation on ne peut guère laisser plus de trois cents Vers sur chaque claie; elles ont ordinairement près de deux mètres de longueur sur cinquante centimètres de largeur.

Nous venons de tracer les règles à suivre pour établir d'une manière confortable les Vers à soie dans leur demeure future; nous allons nous occuper maintenant de la première nourriture qui doit leur être donnée.

Ainsi que nous l'avons vu, c'est avec la feuille même du murier que les Vers ont été transférés du lieu de l'éclosion sur la claie où ils doivent s'élever. Cette feuille, produit de la première pousse du murier, est nécessairement fort tendre, et en conséquence très convenable à ce premier âge; cependant il faut éviter de la prendre trop petite, et de donner le cœur du bourgeon lorsqu'il n'est point encore assez développé, car alors cette nourriture ne serait pas assez substancielle, et pourrait faire pâtir l'insecte : il faut que les feuilles aient à peu près la largeur d'une pièce de deux francs.

Mais voici l'époque où des soins de tous les instans deviennent nécessaires : ainsi qu'une mère attentive veille sans cesse sur le berceau de son enfant, de même un éducateur intelligent et laborieux doit veiller aussi nuit et jour, ne prendre, pour ainsi dire, aucun repos et s'adonner entièrement à ses élèves, dont le premier âge réclame toute sa sollicitude.

La nourriture se règle ordinairement d'après le degré de chaleur donné à la température, et plus elle est élevée, plus les Vers ont d'appétit ; toutefois les auteurs sont très divisés à cet égard, et nous avons vu recommander tantôt six repas, tantôt douze, quelquefois dix-huit, souvent vingt-quatre, et même trente et trente-six, c'est-à-dire presque à toutes les demi-heures : parmi tant d'avis divers, celui justifié par l'expérience doit nécessairement l'emporter, et M. C. Beauvais, le meilleur juge en cette matière, fait opérer vingt-quatre distributions dans le premier âge, et y trouve un avantage pour le Ver, qui ne pâtit point et reçoit toujours une nourriture fraîche et en suffisante quantité : c'est donc à ce dernier chiffre de vingt-quatre que nous nous arrêterons pour le premier âge. Nous devons néanmoins ajouter que si la température, par quelque cause particulière, devait être tenue plus basse, il faudrait, peut-être, diminuer le nombre des distributions; car ayant alors moins d'appétit, étant moins excités, les vers pourraient ne pas manger toute la feuille, qui formerait promptement une épaisse litière et donnerait lieu à des accidens, ainsi que nous le verrons plus tard.

Pour les premiers âges aussi, M. C. Beauvais fait couper la feuille, afin d'en faciliter la consommation, et se sert d'un tamis pour la distribuer aux Vers : de cette manière il économise, à la fois, et le temps et la feuille même; car, ainsi coupée, elle est répandue plus vite, plus également, et les Vers l'attaquant aussitôt, la consomment au fur et à mesure, et ne lui laissent pas le temps de se faner et de se perdre. Néanmoins, quelque parfait que soit ce mode de distribution, surtout dans les grandes magnaneries, si, lorsqu'on n'a qu'une éducation peu considérable à soigner, on ne peut se procurer les instrumens nécessaires, tels que coupe-feuilles et tamis, on continue à répandre la feuille avec la main, en observant les précautions indiquées, et il n'en résulte aucun inconvénient.

La feuille à donner au Ver à soie doit être cueillie de grand matin, avant la rosée, ou deux heures au moins après le lever du soleil, et déposée dans des paniers pour être tenue au frais. Lorsqu'on la distribue, il faut qu'elle soit propre et sans humidité : on doit éviter de la jeter, sans précaution, sur les claies, ni en trop grande quantité, crainte de blesser les Vers ou de les étouffer, et il faut la répandre doucement et déta-

cher, autant que possible, les feuilles col-
lées ensemble, et qui, souvent, cachent de
petits insectes nuisibles. Les excès, en trop
comme en moins, sont préjudiciables; s'il
y a surabondance, la feuille ne peut être
consommée, se flétrit, finit par se pourrir,
et cause de grands dégats; si elle manque,
au contraire, l'appétit du Ver n'est point
satisfait, il se débilite bientôt et succombe
à la première ou à la seconde mue.

Tels sont les soins à donner au premier
âge : nous reviendrons, en traitant des âges
subséquens, sur le nombre des repas qui
leur sont propres; mais nous devons, préalablement, expliquer ce que nous enten-
dons par *Mues* ou *Ages*, et c'est ce qui fera
l'objet du chapitre cinq.

CHAPITRE V.

Des différens Ages, de la Mue et des Accidens qu'elle peut occasionner.

La durée de l'existence du Ver à soie, c'est-à-dire le temps qui s'écoule depuis son éclosion jusqu'au moment où il monte, peut être plus ou moins long, eu égard au plus ou moins de soins dont il a été l'objet. Autrefois, et avant les études sérieuses qui ont amené les améliorations qui existent, il fallait de trente-quatre à trente-six jours pour une éducation, et trente seulement pour celle qui avait été suivie avec une attention toute particulière. Aujourd'hui, au contraire, le terme le plus long est de trente jours, le plus ordinaire, de vingt-cinq à vingt-six, et l'on cite même une éducation qui aurait été terminée, aux Bergeries, en vingt-et-un jours. Certes, ce résultat est admirable, mais nous ne pensons pas qu'il faille, tout d'abord, l'ériger en principe, et que tout le monde puisse facilement et continuellement l'obtenir : pour arriver à un succès de cette nature, il faut la puissante expérience de MM. Beauvais, il faut surtout le sentiment, inné chez eux, de faire progresser l'art, qui applanit, à leurs yeux, toutes les difficultés que doivent présenter de semblables essais!

Mais quelle que soit la durée de l'éducation, elle est toujours divisée en quatre ou cinq époques, à peu près égales, appelées *âges,* et qui sont marquées par trois ou quatre changemens de peau, désignés sous le nom de *mues.* Ce sont là les véritables momens critiques de la vie du Ver à soie, et, néanmoins, nous ne dirons point, avec quelques auteurs, que la mue est une maladie. Les maladies, en effet, sont des cas exceptionnels auxquels sont sujets, mais non soumis, tous les êtres, puisque nous voyons

des existences entières s'écouler sans aucune affection , tandis que chez le Ver à soie
la mue est inhérente et nécessaire même à
son existence. Parfois, il est vrai, il ne peut
résister et succombe, mais c'est que des
causes particulières , antérieures à la mue ,
ou qui se déclarent instantanément, comme
un changement de température , de mauvaises odeurs, agissent rapidement sur l'insecte affaibli et le livrent alors , tout entier,
à la funeste influence qu'il ne peut plus
combattre.

Nous pouvons donc diviser l'existence du
Ver à soie ainsi qu'il suit :

Du moment de sa naissance à la pre-
mière mue, le Ver se trouve dans le 1er âge ;

De la 1re à la 2e mue, dans le 2e âge ;

De la 2e à la 3e mue, dans le 3e âge ;

De la 3e à la 4e mue, dans le 4e âge ;

Enfin, depuis la 4e mue jusqu'au moment
où il monte, il se trouve dans le 5e et dernier âge.

Quelques éducateurs appellent également

6ᵉ âge le temps que le Ver, ou plutôt la Chrysalide, passe dans le Cocon, et 7ᵉ âge, lorsqu'il en est sorti et qu'il est transformé en Papillon; mais comme alors il a tout-à-fait changé d'état, que c'est, en quelque sorte, une nouvelle existence dans un nouveau sujet, on entend le plus ordinairement par âges le temps qui, ainsi que nous venons de le dire, s'écoule entre chaque mue à l'état de Ver ou de Larve.

Il existe aussi une variété qui n'est sujette qu'à trois mues au lieu de quatre; le temps de son éducation est à peu près le même, seulement les époques des mues sont plus éloignées les unes des autres, puisque, avec trois mues, cette variété doit remplir la même carrière que les autres Vers avec quatre. Les soins à lui donner sont, au surplus, les mêmes que pour les premiers.

Les mues sont plus ou moins rapprochées ainsi que nous l'avons vu plus haut, mais prenant trente jours pour une éducation, la première mue aura lieu entre les sixième et septième jours : toutefois, elle peut être retardée, si les soins ont manqué durant le premier âge. La seconde mue a lieu sept ou huit jours après, et les deux dernières dans les mêmes délais environ, sauf les accidens qui peuvent les avancer ou reculer.

Pendant la mue, le Ver est, en quelque sorte, dans un état d'inertie qui paralyse ses facultés vitales : c'est cette inertie qui est à craindre lorsqu'elle se prolonge trop long-temps, et qui, dans ce cas, cause, tôt ou tard, la perte de l'insecte. En effet, durant toute la crise, le Ver ne prend aucune nourriture, et si cette crise s'étend au-delà du terme fixé par la nature, il ne lui reste plus assez de force pour se dépouiller de sa vieille enveloppe, et souvent il meurt d'impuissance; ou bien encore, si ses efforts réitérés l'ont fait triompher, il arrive après les autres, n'est plus dans les mêmes conditions de simultanéité, et ce premier retard se reproduisant à la seconde et à la troisième mues, l'éducateur est obligé de le séparer et, par suite, de le rejeter. C'est ce que nous conseillerons de faire en pareil cas, car s'il fallait conserver séparément tous les retardataires, il en résulterait un grand nombre de catégories, dont le produit serait loin d'égaler les peines et les soins qu'elles nécessiteraient.

CHAPITRE VI.

Symptômes précurseurs de la Mue : Soins à donner dans cette circonstance.

Les révolutions qui s'opèrent chez presque tous les êtres, à certaines époques de la vie, soit par suite de l'âge, soit par telle autre cause puisée dans la nature, s'annonçant presque toujours par des signes extérieurs, le génie réparateur de l'homme a pu les étudier, et triomphant, en quelque sorte, du mal originel , a su ramener à bien et faire tourner à son avantage ce qui d'abord paraissait perdu pour lui sans ressources.

C'est ainsi que la mue du Ver à soie étant précédée de plusieurs symptômes non équivoques, on a pu prévenir ou atténuer les accidens qui en sont la suite par des soins dont , en ce moment plus que jamais , l'insecte doit être entouré.

Le moment de la première mue n'est pas fixé d'une manière invariable : le plus ordinairement c'est neuf à dix jours après la naissance, quelquefois douze, mais souvent aussi, et selon que la température est élevée, on aperçoit au sixième ou au septième jour, les symptômes du changement qui va s'opérer. C'est alors que le Ver à soie commence à ne plus prendre de nourriture, qu'il devient inerte et languissant, et que sa peau paraît luisante ; que bientôt il reste immobile, tenant sa tête élevée et la baissant néanmoins assez vivement, ou la rejetant de côté si on vient à le toucher, comme

si ce toucher lui causait une douleur aiguë.
Il demeure ainsi vingt-quatre ou trente heures, et, lorsqu'arrive le moment de quitter sa
surpeau, il la fixe au papier sur lequel il se
trouve, au moyen de quelque matière glu-
tineuse, sort alors la partie antérieure de
son corps, se tire de cette espèce de gaine,
en se contractant et s'allongeant tour à tour,
et cramponné, pour ainsi dire, au sol, finit
par entraîner au dehors la dernière partie
de son corps. C'est ainsi qu'il abandonne
successivement ses diverses enveloppes, car
à chaque mue la nature présente le même
travail et les mêmes circonstances.

Mais revenons aux premiers symptômes
de la mue. Dès qu'ils commencent à se déclarer, il faut redoubler de soins et d'attention. Le Ver ne doit pas être tourmenté, et
la température doit rester la même et, selon
quelques auteurs, plutôt élevée qu'abaissée ;
si on n'a pas encore enlevé la litière depuis
la naissance, il faut se hâter de le faire,
tandis que les Vers ont encore assez de force
pour monter à la feuille, afin de ne point

les laisser pendant la crise sur l'ancienne litière, dont les miasmes pourraient leur être nuisibles.

Pour déliter les Vers, c'est-à-dire pour les enlever de la claie sur laquelle ils se trouvent, afin de les transporter sur une autre, ou seulement pour retirer la litière de cette claie, on se sert de filets de fil ou de soie : on pose ces filets sur la claie où sont les Vers, on y étend la feuille nouvelle, et les Vers passant à travers les mailles pour venir chercher leur nourriture, abandonnent la première claie, que l'on retire pour la nettoyer, et à laquelle on en substitue une autre où le filet est aussitôt replacé.

On concevra facilement l'avantage immense de ce mode de translation sur ceux qui étaient employés autrefois : les uns transportaient les Vers avec la main, chose qu'il faut surtout éviter; d'autres se servaient d'assiettes vernies, aussi chaque délitement était-il marqué par des accidens plus ou moins graves. Par les filets, au contraire, l'insecte n'éprouve aucune secousse, aucun changement ; il n'obtient que du bien-être, et plus il est délité, mieux il se porte. Une erreur d'autrefois encore, c'est que le délitement n'avait lieu qu'aux époques des mues : qu'on juge alors de la position de ces insectes au troisième ou au quatrième âge, alors que leurs excrémens déjà forts, se mêlant aux débris des feuilles, produisaient promptement un foyer pestilentiel qui pour eux devenait bientôt un champ de mort.

Nous avons dit que, durant la crise qui est ordinairement de trente heures, le Ver ne prend aucune nourriture ; mais ce délai passé et la surpeau abandonnée, il reste tranquille pendant quelque temps, comme pour reprendre haleine après les efforts qu'il a faits, puis s'agite et recherche la feuille avec avidité. C'est alors qu'on pose un nouveau filet, afin de faire monter ensemble tous les Vers dont la mue s'est opérée simultanément. Ceux qui restent en arrière, ne quittent souvent leur peau que beaucoup plus tard, quelquefois douze et même vingt-quatre heures

après, et c'est alors qu'il faut faire une première catégorie, si le nombre des retardataires est assez considérable, sinon il vaut
mieux les rejeter.

Les vers sont alors dans le second âge,
durant lequel les soins à observer sont les
mêmes qu'au premier : température au
même degré, nourriture aux mêmes époques, mais seulement un peu plus abondante, car du premier au second âge, la
différence est loin d'être aussi sensible qu'aux
âges subséquens.

CHAPITRE VII.

Des seconde et troisième Mues, et des Soins qu'elles nécessitent.

Nous venons de voir au chapitre précé-
dent que, peu après leur première mue,
les Vers recherchaient avidement la nour-

riture et semblaient vouloir réparer par une plus grande activité les instans perdus durant leur premier état d'inertie ; étant alors dans le second âge, leur couleur, de brun-roussâtre qu'elle était, devient gris-cendré, et leur longueur a déjà atteint 12 millimètres (5 lignes). Il ne peut y avoir encore un grand changement dans la distribution de la nourriture, qui doit naturellement être un peu plus abondante et entraîner par conséquent des délitemens un peu plus fréquens.

Le second âge est bien moins prolongé que le premier, aussi trois ou quatre jours après la première mue (quelquefois cinq ou six, car durant toute l'éducation, il est presque impossible de déterminer les époques d'une manière positive, les diverses phases pouvant être avancées ou reculées, selon le plus ou le moins de soins, le plus ou le moins de chaleur, etc.), on commence à apercevoir de nouveau les symptômes précurseurs de la mue, tels que nous les avons décrits. On se hâte alors d'opérer le délitement, et les Vers engourdis et immobiles comme la première fois, opèrent ainsi leur seconde mue.

Les anciennes peaux délaissées instruisent bientôt l'éducateur que ce second travail de la nature est terminé, et que les Vers plus affamés encore que la première fois, attendent impatiemment leur nourriture. C'est alors que les filets sont posés avec la feuille, et que l'on commence à laisser plus d'espace aux Vers, car, après la seconde mue, leur longueur est de 15 à 16 millimètres (un peu plus de 6 lignes) : on agira donc sagement en faisant trois claies au lieu de deux, c'est-à-dire en plaçant sur trois claies les Vers qui n'en occupaient d'abord que deux.

Ici, comme à la première mue, les retardataires dénoncés à l'œil vigilant de l'éducateur, devront être mis de côté, avec plus de soin encore, car la différence qui existerait entre ces Vers et ceux plus avancés, serait beaucoup plus sensible, les progrès se faisant avec d'autant plus de rapidité que l'insecte avance en âge. Mais comme ces

retardataires auront déjà subi deux mues,
et que, par conséquent, il y aura moitié plus
de chances de succès pour l'avenir, on pourra plus sûrement en former une catégorie
qu'on élèvera séparément.

On concevra sans peine que les soins doivent encore devenir en ce moment plus
actifs : ainsi, il faut veiller à ce que les Vers
soient plus espacés, plus isolés , afin d'avoir
une plus grande quantité d'air à leur discré-
tion ; comme aussi, que la feuille soit également répandue, afin de ne pas attirer sur
un seul point un trop grand nombre de Vers.
L'air de la chambre doit être renouvelé, et
c'est le cas de faire agir les ventilateurs :
l'humidité nécessaire doit être maintenue
par les moyens que nous avons indiqués ;
mais, dans de grands établissemens où le
degré de cette humidité doit être réglé avec
le plus d'exactitude possible, on se sert d'un
instrument de physique nommé *hygromètre*
(de υγρος, humide , et μετρον, mesure), au
moyen duquel on détermine la quantité de
sécheresse ou d'humidité qui existent dans

l'air. On peut aussi, si le temps le permet, ouvrir les fenêtres afin d'habituer les Vers aux impressions de l'air extérieur, et néanmoins combiner la température artificielle avec celle du dehors.

Si le second âge est moins long que le premier, le troisième est presque double du second, car sa durée est de sept jours, et dans ce troisième âge les Vers consomment trois fois autant de nourriture que dans le deuxième, proportion étonnante, mais qui s'explique par le développement extraordinaire de l'insecte et par son appétit toujours croissant à mesure qu'il avance en âge. Ainsi, en suivant la proportion de 31 grammes 25 centigr. (une once) de graine que nous avons établie, les Vers en provenant doivent consommer dans le premier âge 3 kilog. de feuilles, dans le deuxième 16 à 17 kilog., et dans le troisième, environ 70; mais c'est surtout dans le cinquième âge, ainsi que nous le verrons plus tard, que la consommation est vraiment excessive.

Toutefois, il est une observation très importante à faire, c'est que les quantités qui viennent d'être énoncées peuvent bien ne pas toujours atteindre le même chiffre, car pour arriver à une similitude parfaite, il faudrait supposer que les circonstances de chaque éducation se reproduisent exactement les mêmes, surtout pour la température qui exerce une si grande influence sur l'appétit, et on sent qu'il est impossible qu'il en soit toujours ainsi : viennent ensuite les pertes résultant des mues ou des maladies, et qui, étant plus ou moins considérables, peuvent augmenter ou diminuer de beaucoup la consommation. On ne doit donc pas s'étonner des différences énormes qui existent bien souvent entre les résultats d'éducation d'une même quantité de graine, soit pour la dépense de la feuille, soit pour le produit de la soie; une longue expérience peut seule fixer les esprits à cet égard.

La durée du troisième âge étant, comme nous l'avons dit, de sept jours, la troisième mue s'annonce au sixième, et a lieu avec les mêmes circonstances que pour les pré-

cédentes. Lorsque le Ver a , si je puis m'exprimer ainsi , reconquis pour la troisième
fois l'existence, il a atteint une longueur de
vingt-huit millimètres (un pouce), et sa couleur est encore devenue plus blanche. Quelques auteurs conseillent de tenir la température moins élevée à cet âge ; sans combattre
positivement cette opinion, nous ne nous
sommes cependant pas trop rendu compte
des motifs qu'ils peuvent avoir. Serait-ce
parce que la litière, étant plus abondante ,
aurait plus de facilité à se putréfier à un
degré plus élevé de chaleur, ou bien fau-
drait-il, en baissant la température, ralentir
l'appétit du Ver, qui commence alors à se
nourrir avec une espèce de voracité qui peut
lui nuire ? Nous ne le pensons pas ; et d'abord
si la litière est plus abondante, il est un
moyen très-simple de la rendre inoffensive,
c'est d'en débarrasser les Vers, et de la sortir
de la chambre où ils se trouvent ; quant au
second motif, il ne peut être non plus d'un
grand poids, l'insecte ne prenant jamais au-
delà de ce que commande la nature, tandis

qu'il ne peut que profiter lorsqu'il se rassasie à loisir , et selon le besoin que fait naître en lui une température de 19 à 20 degrés.

C'est à partir du quatrième âge que les Vers à soie commencent à devenir plus impressionnables et plus susceptibles qu'auparavant, non que cela tienne à leur nature, mais parce que les soins qu'ils exigent devenant de plus en plus grands, les accidens peuvent résulter de la moindre négligence, et par suite se rencontrer bien plus fréquemment. Avant d'arriver à la quatrième mue , nous allons nous occuper de certaines circonstances particulières, nuisibles aux Vers en tous temps, mais principalement lorsqu'ils sont parvenus au milieu de leur laborieuse carrière.

CHAPITRE VIII.

*Des Corps gras, des Odeurs et des Animaux
nuisibles aux Vers à soie.*

Si le Ver à soie doit être pour l'homme une source féconde en heureux résultats, si, surtout, étranger à nos régions, il a pu braver la nature qui lui était contraire et s'acclimater au point que tôt ou tard nous n'aurons plus rien à désirer sous ce rapport, il faut convenir que c'est aux soins de l'homme même que sera dû ce succès, et que sans les travaux approfondis, les études constantes d'un grand nombre de savans et de philantropes, nous serions peut-être encore à la recherche de cette véritable mine d'or, dont l'exploitation ne coûte aucune larme à l'humanité.

C'est donc en quelque sorte à notre incessante sollicitude que ce précieux insecte a été confié par la Providence qui nous le livre sans aucun moyen de défense contre ses ennemis, ni contre l'intempérie des saisons; et c'est à nous à le protéger en écartant de lui tout ce qui pourrait troubler son existence et nuire à l'accomplissement de sa destinée.

Le Ver à soie a de nombreux ennemis, et c'est alors qu'il est parvenu à un certain degré de force qu'il devient un appât friand pour plusieurs d'entre eux.

Les rats et les souris le recherchent beaucoup, et on aura soin de le mettre à l'abri de leurs dents meurtrières, soit en tendant des pièges dans les chambres, soit en y laissant des substances empoisonnées auxquelles ces animaux malfaisans arriveront avant de monter aux Vers. La volaille en est également très friande, et il faudra l'écarter de la chambre aux Vers, aussi bien que les autres animaux domestiques, comme chiens, chats, etc., qui, en sautant ou grimpant sur les claies, y occasionneraient nécessairement des dégàts.

Lorsque l'éducation a lieu à découvert, c'est-à-dire en plein air, les oiseaux font aussi une guerre acharnée aux Vers à soie, et les Chinois, chez lesquels la température permet ordinairement de suivre ce mode d'éducation, veillent continuellement pour écarter des arbres les oiseaux destructeurs.

Enfin, tous les insectes, mais particulièrement les fourmis, font le plus grand tort aux Vers à soie, et on ne doit rien négliger non-seulement pour détruire la plus petite fourmillière qui pourrait exister aux environs de la magnanerie, mais aussi pour empêcher qu'une seule fourmi y pénètre, car connaissant le chemin, elle y amènerait bientôt une foule de ses compagnes. Un moyen de les empêcher de monter après les tables a été employé avec succès à la Magnanerie-modèle de Poitiers : il consiste à répandre du tabac en poudre sur leur passage, ou à le fixer le long des murs et aux pieds des tables et rayons à l'aide de quelque corps

gras , et elles ne peuvent franchir cette bar-
rière. Néanmoins, dès qu'on s'aperçoit qu'une
seule est parvenue aux claies, et qu'un ou plusieurs Vers ont été touchés, il faut s'empresser de rejeter ces derniers , de crainte qu'ils
n'infectent les autres, et il serait peut-être
également bien de changer aussi la claie, où
la forte odeur qu'exhale la fourmi a pu laisser
des traces nuisibles aux Vers.

Parmi les matières essentiellement contraires au Vers à soie, nous citerons en première ligne l'huile qui , lorsqu'elle tombe sur
lui, s'insinue dans ses stigmates, intercepte
l'air qu'il aspire par ces ouvertures, et l'é-
touffe : il faut alors se hâter de nettoyer les
claies sur lesquelles l'huile aurait pu être
répandue, et rejeter les Vers attaqués. La
graisse, le suif leur sont également nuisibles,
et on doit prendre les plus grandes précautions pour ne laisser tomber sur eux, en les
visitant le soir, ni suif, ni bougie, ni aucune
matière graisseuse.

Les bonnes comme les mauvaises odeurs,
la fumée , les vapeurs du charbon, sont au-

tant d'élémens délétères qu'il faut redouter. Nous ne conseillerons donc point ces fumigations, ces feux de paille, prétendus purificateurs, qui avaient lieu autrefois, et qui, au contraire, chargeant l'air de parties de combustibles qui entrent dans la composition de la fumée, loin de le purifier, ne faisaient qu'en arrêter la circulation. Nous l'avons déjà dit, c'est au moyen des ventilateurs que l'air doit être renouvelé; et nous ne pouvons passer sous silence les succès obtenus dans les belles magnaneries des Bergeries et de Neuilly par l'application du système de ventilation inventé par le célèbre Darcet, et renouvelant non-seulement l'air, mais fournissant, selon les besoins, l'air chaud, l'air froid et l'air humide. Les résultats produits par ces appareils passent toute croyance, et nous aurons occasion de les citer dans la notice que nous donnerons sur l'établissement des Bergeries.

Nous venons de faire connaître comment on pouvait préserver les Vers à soie d'une foule de cas ou accidens plus ou moins graves qui les prédisposent aux diverses maladies auxquelles ils sont sujets ; il nous paraît nécessaire d'indiquer actuellement quelles sont ces maladies, et comment on peut y parer, sinon pour les Vers qui sont attaqués, et qui peuvent rarement être sauvés, du moins pour ceux non encore atteints, et envers lesquels on peut employer des moyens préservatifs.

CHAPITRE IX.

Des diverses Maladies des Vers à soie.

Lorsqu'on voit le succès des éducations dépendre, ainsi que nous pensons l'avoir démontré, des soins qu'on y apporte ; lorsque, par suite de la vigilance et de l'activité que l'on déploie, on obtient des résultats qui récompensent amplement des peines que l'on a prises, n'est-on pas tenté de croire, d'un autre côté, que lorsque des maladies viennent tout à coup anéantir l'espoir d'une abondante récolte, ce ne soit un avertissement de la Providence, et en quelque sorte une punition qu'elle veuille infliger, pour la négligence et l'oubli des préceptes hygiéniques de la part de ceux qui se chargent d'une mission aussi délicate, sans avoir la ferme volonté ou la possibilité de la mener à bonne fin ? Cette réflexion nous est inspirée par la conclusion que l'on peut tirer de tout ce que nous avons dit jusqu'à présent, qu'à part la nourriture, l'existence du Ver à soie ne repose pour ainsi dire que sur les deux bases suivantes : un air pur et la propreté.

Certes, nous en sommes convaincus, et l'expérience des grands maîtres en cette matière ne manquera pas de venir à l'appui de notre assertion ; si les usages établis par l'ignorance et conservés par la routine étaient rejetés et proscrits ; si, au lieu de se raidir contre l'évidence, et après une année

d'insuccès, on tentait des améliorations,
nous verrions des produits bien supérieurs,
des résultats bien plus brillans. Mais qu'ar-
rive-t-il le plus souvent? On s'occupe des
Vers à soie pendant deux ou trois mois au
plus : le mode d'éducation qui a été suivi
l'année précédente, on le suit encore à
la nouvelle saison, quelqu'incomplet qu'il
soit, parce qu'on n'a rien appris de meilleur ; et comme on n'a rien oublié non plus
de tout ce qu'il pouvait y avoir de pernicieux, on éternise ainsi les mauvais principes, et l'art reste stationnaire.

Qu'il y a loin de là à tout ce qui s'exécute
dans les établissemens de MM. Beauvais et
Aubert, que nous ne nous lassons point de
citer! dans cette magnanerie-modèle de
Poitiers, où M. Millet met en pratique les
utiles et excellentes leçons du cours que
professe à Paris et avec tant de désintéres-
sement son digne associé, M. Robinet! Là,
ce ne sont plus seulement trois mois qui
occupent l'attention des directeurs, c'est
toute l'année, qu'ils emploient en recher-

ches et en expériences. Aux Bergeries, les distances sont inconnues, et c'est d'un pôle à l'autre que correspond l'infatigable M. C. Beauvais, soit qu'il transmette à ses nombreux élèves le résultat de ses travaux, soit qu'il fasse puiser aux sources mêmes de l'art, et, travailleur sans relâche, qu'il enrichisse son pays des connaissances pour ainsi dire séquestrées jusqu'alors dans les régions les plus lointaines. Honneur donc à tant de persévérance, à tant d'utiles travaux ! les contemporains et la postérité sauront dignement les apprécier.

Mais malheureusement tous les éducateurs ne sont point aussi avancés ; et puisque de cette insouciance, de cette vieille routine naissent souvent des maladies, essayons, mais en peu de mots, de les faire connaître.

La première maladie que nous avons à indiquer est celle qui résulte d'une mauvaise incubation, et qui se reconnaît, ainsi que nous l'avons dit au commencement de cet ouvrage, à la couleur rouge des Vers qui viennent d'éclore. Elle a pour cause un degré de chaleur trop élevé et quelquefois trop bas, est innée chez le sujet qui en est atteint, et par conséquent presque toujours incurable. Le seul moyen de la prévenir est de conduire l'incubation selon les règles indiquées, en commençant par une chaleur tempérée, et en l'élevant progressivement depuis 16 jusqu'à 22 ou 24 degrés. Les Vers qui naissent ainsi ne meurent pas de suite, et vivent souvent jusqu'à la troisième mue ; mais comme ils périssent à peu près tous sans donner aucun produit, il en résulte une dépense inutile en nourriture que l'on économisera en rejetant les Vers malades ; et cette perte sera alors bien peu sensible, surtout si la saison permet de faire éclore de la nouvelle graine pour les remplacer.

Le *mort-flas* et le *mort-gras* sont des maladies qui se déclarent, l'une à la seconde mue, l'autre à la troisième ou à la quatrième, et dont les caractères sont à peu près analogues. Le corps se gonfle, la peau se tend et devient luisante ; il répand une humeur jaunâtre, et tombe bientôt en pourriture.

Les causes générales de ces maladies sont : l'agglomération de la litière et les miasmes qui en résultent et corrompent l'air. Il faut alors se hâter de transporter les sujets malades dans une pièce bien aérée, leur donner peu de nourriture, et ce changement peut opérer leur guérison ; il faut aussi renouveler l'air de la pièce où les autres Vers sont restés, et les déliter le plus souvent possible.

Le *mort-blanc* ou *tripes* est causé par une grande chaleur et par une grande humidité réunies, qui abattent tellement l'insecte, qu'elles le putréfient en quelque sorte de son vivant, et rendent cette maladie encore plus incurable que les autres, puisqu'au moment même où on la reconnaît, elle a déjà fait d'aussi terribles progrès. On devine aisément que la fermentation causée par une trop grande chaleur, jointe à l'humidité, produit encore cette maladie.

La *jaunisse* se déclare vers la fin de l'éducation , quand les Vers se préparent à monter; ils sont alors couverts de taches d'un
jaune doré, et enflent également beaucoup;
il faut les détruire promptement, car ils
propageraient la maladie avec rapidité.

Lorsque le Ver, au lieu de monter franchement pour faire sa coque, reste sur les
bords de la claie, devient luisant et verdâ-
tre, qu'il commence un cocon et le laisse
imparfait, ou bien, lorsqu'après avoir long-
temps cherché, il parvient à monter, et
que, manquant de force pour filer, il se
transforme sans faire de cocon, il est alors
attaqué de la *lusette*, maladie causée par
les privations qu'il a ressenties durant l'é-
ducation.

Enfin, il arrive quelquefois aussi que,
tourmenté au moment de la montée, ou
éprouvant des secousses qui dérangent l'har-
monie et la régularité de son travail, le
Ver place mal sa soie, et, s'enchevêtrant
pour ainsi dire intérieurement, nuit à sa
propre transformation , et meurt avant

qu'elle ait pu s'opérer : le cocon étant mal confectionné, est perdu pour la récolte.

Pour éviter ce dernier accident, il faut donc laisser, dans ce moment plus que jamais, l'insecte dans le plus grand silence et la plus parfaite tranquillité.

Mais de toutes les maladies qui attaquent les Vers à soie, la plus terrible et la plus cruelle pour l'éducateur est certainement la *muscardine*, non-seulement parce qu'elle peut détruire des récoltes entières arrivées à maturité, mais parce qu'elle laisse des traces sur tout ce qui a servi à l'éducation, qu'elle se propage avec la graine même, et infecte ainsi plusieurs générations.

De grandes expériences ont été faites afin de connaître les causes principales qui pouvaient produire cette maladie, et il est à peu près établi qu'elle est, ou transmise par la contagion, ainsi que des exemples récens l'ont prouvé, ou le résultat du défaut de soins et de la malpropreté.

Ainsi que l'on devait s'y attendre, MM. Beauvais se sont placés en première ligne parmi les expérimentateurs, et, par suite de leurs recherches, sont parvenus à ne point avoir de Vers muscardinés dans leur magnanerie. Ils ont voulu s'assurer si la maladie pouvait se produire d'elle-même. et à cet effet ils ont fait des éducations particulières qu'ils ont dirigées avec les plus grands soins, mais dans un sens absolument opposé aux bonnes méthodes. Ainsi. des Vers provenant d'une graine parfaite ont été séparés, puis nourris irrégulièrement et dans l'obscurité, laissés sur leur litière, dans un air étouffé, humide et non renouvelé, et la muscardine n'a pas tardé à se déclarer; tandis que d'autres Vers, ayant la même origine que les premiers, mais parfaitement conduits, sont arrivés à bonne maturité et ont donné d'excellens résultats.

MM. Beauvais connaissant donc les causes du mal, il leur est facile de le prévenir; et c'est ainsi qu'améliorant sans cesse, que créant de nouveaux moyens, toujours basés sur l'expérience et le raisonnement, ils pourront combattre avec succès et repousser le fléau, s'il vient jamais à se présenter lors de leurs éducations.

Nous citerons ensuite comme s'étant occupés de la muscardine, l'abbé Sauvage, dont les écrits sur les Vers à soie, bien qu'assez anciens, sont toujours très goûtés; Dandolo, qui fit faire tant de progrès à l'art; son compatriote Pitaro; et parmi nos savans, M. V. Auduoin de l'Institut, qui, dans plusieurs Mémoires du plus haut intérêt, et qui révèlent chez leur auteur cet esprit d'observations et ces connaissances profondes qui l'ont placé à la tête de la science entomologique, a rendu compte de ses recherches et de ses découvertes sur la muscardine, et nous a fait connaître que cette maladie était causée par la présence d'une espèce de champignon qui pouvait prendre naissance chez l'insecte à ses divers états de larve, de chrysalide et de papillon. Nous mentionnerons aussi M. le docteur Bérard de Montpellier, qui conseille, surtout lorsque la maladie a déjà existé, de passer non-seulement tous les ustensiles qui doivent servir à l'éducation, dans une solution composée de vingt parties d'eau et d'une partie de sulfate de cuivre, mais d'en laver encore le sol, les parois et le plafond des magnaneries.

C'est ordinairement vers la fin du cinquième âge, au moment où les Vers s'apprêtent à monter et à payer bientôt à l'éducateur le prix de sa constante sollicitude que la muscardine se déclare ; elle les attaque aussi lorsqu'ils ont commencé à filer, et même lorsqu'ils ont fini leurs cocons.

On reconnaît que les Vers deviendront muscardins aux taches rougeâtres et violacées qui se montrent d'abord sur la tête de l'insecte et progressivement sur tout le corps. Ces taches disparaissant ensuite, les Vers deviennent blancs, meurent, et leur corps, au lieu de tomber aussitôt en dissolution comme dans d'autres maladies, se durcit et devient cassant.

Aux causes primitives et déjà indiquées de cette maladie, nous devons joindre cet accident de la température, occasionné par

les temps de *touffeur*, dans lesquels l'atmosphère est comme envahie par un air étouf-
fant, que l'on ne peut mieux comparer
qu'au vent du désert qui accable et tue bientôt l'infortuné perdu dans les sables brû-
lans de l'Afrique. C'est souvent après une
chaleur excessive, par un temps orageux,
lorsque des bouffées suffocantes frappent le
visage et arrêtent pour ainsi dire la respira-
tion, que les Vers sont promptement atteints, si on ne fait agir les appareils aéri-
fères, et si on ne paralyse l'effet de cette
intempérie en rétablissant la circulation de
l'air.

Lorsque, malgré les précautions de l'é-
ducateur, les symptômes de la maladie se
seront déclarés, il faudra séparer les Vers
attaqués, les placer dans de grandes pièces,
les raffraîchir en arrosant le sol, les feuilles
et les Vers eux-mêmes, et surtout purifier
l'air en le renouvelant le plus souvent possible.

C'est ainsi qu'agissant avec activité on
pourra arrêter les progrès du mal; mais le

mieux sera toujours de le prévenir en maintenant sans cesse les Vers dans un air pur et dans un état de propreté qui ne laissera plus rien à redouter du terrible fléau de la muscardine.

<hr>

CHAPITRE X.

De la dernière Mue, de la Maturité des Vers, et de la disposition des Rameaux.

Le quatrième âge, qui, ainsi que nous l'avons vu, commence après la troisième mue, est pour le Vers à soie un temps de croissance extraordinaire ; il devra donc consommer beaucoup plus de feuilles que précédemment, et, lorsqu'approchera le moment de la quatrième mue, exiger un espace beaucoup plus grand. Nous avons dit que l'on faisait ordinairement après la seconde mue trois claies de deux : ici ce sera le cas de les dédoubler, c'est-à-dire de placer sur deux claies les Vers contenus sur une seule.

Le quatrième âge dure sept jours comme le troisième, et dans cet espace les Vers consomment de 230 à 235 kilogrammes de feuilles, qu'on leur distribue à des époques moins rapprochées que dans les autres âges. On conçoit en effet que l'insecte, étant beaucoup plus fort, peut manger plus vite, mais doit se reposer aussi plus long-temps ; et comme on peut augmenter la quantité de feuilles à chaque repas, les distributions devront nécessairement devenir moins fréquentes : elles pourront être réduites à douze.

Une conséquence inévitable de cette grande consommation, est le prompt accroissement de la litière. Il ne faut donc pas négliger de l'enlever, et de déliter les Vers, pour échapper aux accidens que nous avons signalés.

Enfin la quatrième et dernière mue s'opère, et les Vers entrent dans leur cin-

quième âge : c'est alors qu'on se hâte, s'ils
ne l'ont été peu de temps avant, de les
dédoubler, car ils acquièrent bientôt une
telle force, que de 5 centimètres (1 pouce
10 lignes) qu'ils avaient au sortir de la mue,
ils ont atteint dans le cours de cet âge, qui
dure huit à dix jours, près d'un décimètre
(44 lignes). C'est aussi de ce moment, on
peut le dire, que leur voracité ne connaît
plus de bornes, puisque dans ce dernier
âge ils consomment environ 675 kilogrammes de feuilles, c'est-à-dire plus du double
de nourriture que dans les quatre âges pré-
cédens réunis. On éprouve un certain plaisir
à voir l'activité qu'ils déploient lorsqu'ils
reçoivent la feuille, ce qui est toujours d'un
bon augure, et le bruit qu'ils font en man-
geant ne peut mieux se comparer qu'à celui que fait la pluie en tombant sur les
arbres.

Leur appétit augmentant de jour en jour,
on règle les repas selon les besoins; mais
c'est surtout le sixième ou le septième jour
que leur faim se fait le plus vivement

sentir, et c'est ce moment que l'on appelle le temps de la *briffe* ou *grande frèze.* L'époque où dans les autres âges le Ver est aussi très affamé, se nomme la *petite frèze.*

Les feuilles qui leur sont distribuées doivent être plus substantielles que dans les premiers âges, et naturellement elles le sont pour la plupart, puisque la saison est plus avancée ; il ne s'agit donc que de bien choisir. Les délitemens doivent être plus fréquens, l'air souvent renouvelé et activé ; enfin, tous les soins que nous avons recommandés doivent être alors portés à leur plus haut période.

Mais le moment approche où la nature va travailler avec mystère à la métamorphose du Ver en Papillon, et où le Ver lui-même s'occupera préalablement de l'admirable confection de son enveloppe, si précieuse et pour nous et pour lui.

La grande frèze étant passée, l'appétit des Vers commence à diminuer, et deux jours après ils cessent de prendre aucune nourriture. Leur peau devient ridée, et le corps acquiert une certaine transparence jaunâtre ; ils parcourent la feuille sans y toucher, puis s'arrêtent, lèvent la tête en l'agitant, lancent un fil de soie comme s'ils cherchaient à l'accrocher, et, rendant une assez grande quantité d'excrémens, paraissent vouloir dégager de toute matière hétérogène et laisser dans son entière pureté le liquide qu'ils fileront bientôt en soie. C'est alors que les Vers sont arrivés à maturité, et que doit leur être fait un dernier délitement, d'autant plus nécessaire, que la litière contient bien plus de matières faciles à s'échauffer et à vicier l'air.

Les Vers étant ainsi parfaitement disposés à monter, il faut s'empresser de leur en faciliter les moyens, en leur élevant en travers des claies des rameaux ou branchages appelés ordinairement *cabanes*. Plusieurs arbres ou arbrisseaux, tels que le châtaignier, le chêne, le bouleau, le murier nain, la bruyère, etc., peuvent fournir ces rameaux, mais on se sert le plus ordinairement de bruyère et de bouleau ; la paille de colza présente aussi des avantages qui la font préférer par plusieurs éducateurs.

Pour élever ces cabanes, on place en travers, sur les claies, en face les uns des autres et à environ 40 centimètres de distance, des liteaux percés de trous espacés de quatre à cinq centimètres. On réunit alors cinq à six brins des rameaux que l'on a choisis et dépouillés de leurs feuilles, et on les fait entrer dans les trous des liteaux ; puis on fait rejoindre par le haut les extrémités des rameaux de l'un des liteaux avec ceux du liteau de face, et, de cette manière, il se trouve environ six à sept berceaux sur une claie de deux mètres de longueur.

Lorsque les claies sont placées sur des rayons superposés on peut se dispenser de réunir les bouts supérieurs des branchages car étant plus longs, puisqu'ils ont environ 60 centimètres de haut, que l'espace qui existe entre chaque rayon, ils se plient, se rejoignent et forment naturellement une voûte sous laquelle l'air circule librement, ayant soin d'ailleurs d'étendre les rameaux en éventail.

Comme les Vers, s'ils n'étaient dirigés, pourraient se porter en trop grande nombre vers un seul côté, on a soin de les disposer, et on fait attention à ce qu'ils ne se nuisent point les uns aux autres. On doit aussi veiller à ce que les rameaux ne fassent pas saillie au dehors des claies, ce qui peut avoir plusieurs inconvéniens : d'abord, celui de nuire à la circulation autour des tables et de déranger les Vers, si on venait à les toucher; ensuite la presque certitude de les voir se blesser, et même se tuer, s'ils tombaient sur le sol en cherchant à fixer leur soie : il faut donc couper soigneusement les branches qui avancent en dehors des claies.

CHAPITRE XI.

De la Montée des Vers ; de la formation du Cocon ; de la distinction des Mâles et des Femelles, et du choix des Cocons pour la Graine.

Nous venons d'indiquer comment devaient se disposer les rameaux pour former les cabanes destinées à la montée des Vers : à peine ces cabanes sont-elles terminées qu'elles se garnissent aussitôt ; car, si l'éducation a été suivie avec régularité, si les Vers sont toujours arrivés simultanément à leurs diverses époques, ils doivent aussi monter à peu près tous en même temps. On les voit donc, de tous côtés, se partager les rameaux et poser, en quelque sorte, les jalons de leur nouvelle enceinte ;

bientôt plusieurs brins de soie dénoncent la forme elliptique du cocon, un léger tissu se confectionne, et, semblable à une gaze légère, laisse apercevoir l'industrieux ouvrier travaillant avec ardeur : petit à petit le tissu devient plus serré. le cocon se forme et ne tarde pas à faire disparaître entièrement l'habile architecte qui l'a construit. Le travail néanmoins n'a pas encore cessé, un léger bruit, sans doute produit par le frottement du Ver contre le cocon, se fait entendre, cesse insensiblement, et un silence profond lui succédant annonce que l'œuvre est consommée.

Il arrive souvent que tous les Vers ne montent pas en même temps ; on fait alors. à ceux qui sont restés sur la claie. une distribution de feuilles, mais en petite quantité. On les transporte même, au besoin, sur une autre claie et on élève la température de quelques degrés, afin de raviver leurs dispositions à monter. Quelquefois, cependant, malgré ces derniers soins, ils restent au pied des cabanes ; on leur met

alors des cornets de papier, ils s'y retirent
et y font leurs cocons.

Lorsque les Vers sont en train de monter,
il faut veiller à ce qu'ils ne se placent point
les uns trop près des autres, ni à ce qu'ils
ne se doublent point, c'est-à-dire à ce qu'ils
ne réunissent pas deux cocons en un seul :
il faut aussi, lorsqu'ils sont en cabanes,
maintenir une température de 18 à 20 degrés, car le froid pourrait nuire à la chrysalide.

C'est alors que tous les cocons sont ter-
minés que la magnanerie, ou même la pièce
qui a servi à l'éducation, doit présenter un
aspect agréable à celui qui a su conduire
habilement ce travail important et minu-
tieux : les cabanes sont chargées de cocons
d'une blancheur éclatante ou d'un jaune
tendre, selon la nature de la soie, et, sauf
quelques maladies auxquelles les Vers sont
encore sujets, ainsi que nous l'avons vu,
l'éducateur peut compter sur une belle et
lucrative récolte.

On doit laisser les cocons en pleine tranquillité pendant environ huit jours, après lesquels on s'occupe d'enlever les cabanes et de faire le choix des cocons, d'abord pour la reproduction, ensuite pour le tirage de la soie, et, enfin, pour mettre de côté ceux présentant des défectuosités et qui ne peuvent rapporter qu'un faible produit d'une qualité même inférieure.

Pour faire son choix, il faut d'abord être fixé sur la quantité de graine que l'on veut recueillir, et bien que de cinq hectogrammes (une livre) de cocons, on retire un peu plus de 31 grammes 25 centigrammes (une once) de graine ; il est néanmoins prudent de mettre de côté 5 hectogrammes de cocons pour autant de 32 grammes de graines que l'on désire avoir, attendu le déchet qui peut survenir, soit par suite d'accidens, soit par le nombre inférieur des femelles à celui des mâles.

Il est assez difficile, pour une personne peu habituée, de distinguer, à la première vue, les cocons qui renferment des papillons mâles ou femelles, mais la pratique supplée aux signes assez peu positifs qui les distinguent et qui, d'ailleurs, ne résident que dans la forme du cocon. Les papillons mâles ont un cocon un peu allongé et, par conséquent, plus pointu des bouts et déprimé par le milieu, comme s'il était serré par un fil ou un anneau, tandis que les cocons qui renferment les femelles sont plus ronds, ont les bouts moins effilés, et sans dépression par le milieu ; ils sont, en outre, plus pesans que ceux des mâles.

Ainsi, dans le choix que l'on fera, on devra, autant que possible, prendre en égale quantité des cocons présentant les indications ci-dessus, et rarement on aura plus d'un sexe que d'un autre.

Mais il ne suffit pas d'un choix égal de mâles et de femelles, il faut encore que chacun d'eux soit pris parmi les cocons paraissant les plus avantageux. Ainsi on rejettera tous ceux qui sont mous, trop pointus, d'un jaune foncé, faibles ou doublés, c'est-à-dire présentant deux cocons réunis, et on mettra en réserve les plus blancs, plus vigoureux, plus pesant, d'un tissu plus fin et plus serré, ceux enfin provenant de Vers dont l'éducation a marché avec le plus de régularité et de succès. C'est ainsi qu'on parviendra à obtenir une graine supérieure qui, plus tard, donnant naissance à des Vers bien constitués, seront eux-mêmes une garantie de réussite pour les éducations futures.

CHAPITRE XII.

*De la Naissance du Papillon, de l'Accouplement
et de la Ponte.*

Nous venons de terminer la première partie de l'existence du Ver à soie et de son éducation, et nous avons vu combien la nature, prodigue de ses dons, est toujours prête à seconder les efforts de l'homme actif, intelligent et laborieux : il nous reste maintenant à retracer cette seconde période

8

de la vie de notre insecte, dans laquelle, après avoir, en quelque sorte, fait la part de l'homme en lui abandonnant sa riche et soyeuse enveloppe, il est tout entier à l'avenir, n'existant plus alors que pour la reproduction.

Les cocons ayant été choisis, ainsi que nous l'avons dit, on les dépouille, avec soin, de la première soie ou bourre qui les entoure, afin de faciliter la sortie des papillons, et séparant les mâles d'avec les femelles, on les place dans une pièce peu éclairée, chauffée à une température de 15 à 18 degrés, où l'air circule librement, et l'on attend le moment de leur naissance.

Quelquefois aussi on les enfile en forme de chapelet, en ayant soin de ne prendre que la superficie de la soie pour ne point percer le cocon, ni piquer la chrysalide, et on les suspend jusqu'au jour de la métamorphose.

Le degré de chaleur dans lequel les cocons se trouvent placés détermine l'époque de la sortie des papillons : plus la cha-

leur est basse plus tard ils naissent, et nécessairement, plus elle est élevée plutôt ils
paraissent ; on doit donc choisir un terme
moyen, afin qu'ils ne soient point trop
affaiblis par l'un ou l'autre excès. Néanmoins le papillon naît ordinairement du
quinzième au dix-neuvième jour après la
formation du cocon : avant d'en sortir il en
humecte un des bouts avec une liqueur qu'il
dégorge, et, ramollissant ainsi le point hu-
mecté, le perce, établit son ouverture et
paraît à la lumière.

Dès que les papillons sont débarrassés de
leur enveloppe, il faut les surveiller et ne
pas les laisser s'accoupler qu'ils n'aient rendu
une certaine humeur rougeâtre et terreuse
qui nuirait à la graine si l'accouplement
avait lieu avant cette évacuation. Aussitôt
qu'elle s'est faite on voit les mâles marcher
ou plutôt tournoyer en agitant vivement
leurs ailes et rechercher avec empressement
les femelles. C'est à ce moment qu'on rapproche les deux sexes et qu'a lieu l'accouplement. On prend alors chaque couple par

les ailes et on les transporte , avec précaution , sur des tablettes ou châssis recouverts
de papier, et on les laisse ainsi, dans une
pièce obscure, pendant six, huit ou dix
heures.

Il est cependant assez rare que cet état
cesse d'une manière naturelle, dans un délai
aussi court ; au contraire, si l'on n'y mettait
un terme, il durerait vingt-quatre, trente
et trente-six heures ; on en a même vu se
prolonger bien au-delà ; mais alors, loin
d'être favorable à la fécondation, un tel accouplement ne peut que fatiguer la femelle
et, peut-être, la tuer avant qu'elle ait eu le
temps d'opérer sa ponte. On a donc soin,
après six ou huit heures, de les séparer, en
tirant par les ailes et en sens inverse, les
deux papillons. La traction ne doit pas être
brusque, et si l'on éprouvait trop de résis-
tance, il faudrait y renoncer crainte de blesser la femelle, essayer plus tard ou enfin
laisser agir la nature.

Lorsque, en opérant ainsi, on a désuni le
couple on se défait aussitôt des mâles qui, à

la rigueur, pourraient encore servir à un
nouvel accouplement, mais que l'on préfère
rejeter, et on les éloigne de la pièce où restent les femelles, pour qu'ils ne viennent pas
les tourmenter ou s'accoupler avec d'autres.

Les femelles, ainsi séparées, doivent être
laissées sur le châssis où elles se trouvent,
jusqu'à ce qu'une seconde émission de cette
liqueur épaisse et jaunâtre, dont nous avons
parlé, ait eu lieu. Aussitôt après on les place
sur de nouveaux châssis tendus de drap
fin, parfaitement ras, ou mieux encore sur
du linge, qui n'offre pas l'inconvénient du
drap dont le poil, quelque court qu'il puisse
être, peut empêcher plus tard d'en détacher facilement la graine.

Ainsi placées, les femelles ne tardent pas
à commencer la ponte, et elles déposent
leurs œufs d'une manière assez régulière :
toutefois il est nécessaire de les surveiller,
car si la plupart paraissent lourdes et en-
gourdies, il en est d'autres qui changent de
place à chaque instant, dispersent leurs
œufs et les posent quelquefois les uns sur

les autres, ce qui nuit ensuite à l'éclosion. Chaque femelle pond ainsi de 450 à 500 œufs, et emploie à cette opération, six ou huit heures et même plus, après quoi elle pourrait encore vivre quelque temps ; mais comme elle n'est plus d'aucune utilité, et que dès-lors elle devient embarrassante, on s'en défait immédiatement en la jetant au dehors où elle meurt bientôt.

Quelques auteurs ont fait remarquer qu'il résultait souvent de graves inconvéniens de cet abandon des papillons mâles ou femelles qui, ainsi jetés dans les cours ou jardins près des habitations, pouvaient y vivre encore quelque temps et devenir muscardins, même après leur mort. Cette remarque nous a paru fort juste, surtout depuis les savantes découvertes de MM. Bassi et Audouin ; en effet, d'après ce dernier auteur, les Vers et les Papillons muscardinés sont couverts d'une certaine efflorescence blanche qui n'est autre chose que le résultat de la fructification de la plante cryptogame ou moisissure qui cause la muscardine : or, si une grande quantité de ces insectes malades est agglomérée sur un seul point, le vent peut enlever les sporules ou semences de ces cryptogames, les transporter dans les magnancries voisines et y déposer ainsi le germe des maladies qui se déclarent l'année suivante. Sans suivre davantage ces auteurs dans leurs développemens à cet égard, nous pensons que l'on pourrait obvier à cet inconvénient, en faisant périr les papillons hors de service au moyen d'une dissolution de chaux vive, dans laquelle on les jetterait et qui les détruirait aussitôt.

Une autre observation hygiénique que nous avons faite, et qu'il importe de consigner ici, est relative à cette poussière qui couvre le papillon, et qui, vue au microscope, ressemble à de petites plumes implantées ou plutôt imbriquées sur l'insecte. Cette poussière, lorsqu'un grand nombre de papillons se trouvent réunis et qu'ils s'agitent, peut provoquer une toux très fatigante aux personnes qui se trouvent dans la pièce : on devra donc en ouvrir de temps en temps les

fenètres afin que la poussière puisse se dis-
siper plus promptement.

***

CHAPITRE XIII.

De la Conservation de la Graine.

Ainsi que nous avons pu le voir, par ce qui
précède, tout se lie et s'enchaîne dans l'éducation du Ver à soie : chaque période, chaque
jour même de son existence, nécessitent des
soins tous particuliers, et, néanmoins, si un
seul jour ces soins ont manqué, ce n'est pas
seulement un accident passager qui en résulte, c'est la vie même de l'insecte qui est
compromise, et souvent c'est au moment
de les réaliser que les plus belles espérances
s'évanouissent tout à coup.

Il ne suffit donc pas à l'éducateur d'avoi
vu s'accomplir avec succès cet acte de la
reproduction vers laquelle tend toujours la

nature, il faut aussi, lui, qu'il songe à l'avenir, et, fidèle gardien du dépôt qui lui a été confié, qu'il apporte à sa conservation la plus grande surveillance et des soins non moins attentifs que précédemment.

La graine étant tout à fait sans valeur si elle n'a été fécondée, la première attention doit être de s'assurer si toute celle qu'on a recueillie a satisfait à cette condition indispensable. On reconnaîtra donc la bonne graine à sa couleur : elle doit être blanche ou d'un jaune clair qui devient plus foncé, puis ensuite d'un gris cendré. La mauvaise graine, c'est-à-dire celle non fécondée, ne change pas de couleur, et comme elle ne contient aucun germe le liquide intérieur, offrant moins de consistance, s'évapore, l'œuf se dessèche, en quelque sorte, et présente alors une dépression très sensible à sa surface.

Pour avoir une entière conviction au sujet de la graine, il ne faut garder que celle venant des couples que l'on a dirigés et posés sur les châssis : les œufs ramassés çà et là,

9

pouvant provenir de femelles échappées à l'observation ou non encore fécondées, doivent être rejetés.

La graine met vingt jours environ pour prendre les diverses teintes que nous avons indiquées; mais afin de donner aux œufs le temps de se solidifier, et ne pas les serrer trop tôt, on peut attendre jusqu'à vingt-cinq jours, après quoi on enlève l'étoffe ou la toile sur lesquelles ils sont déposés, et on les renferme dans une armoire exposée à une température de 6 à 8 degrés, à l'abri d'une chaleur plus élevée ou d'un froid au-dessous de zéro. Ces graines sont mises dans des boîtes de fer-blanc parfaitement closes, et, de temps à autre (tous les deux mois environ), on les en extrait pour les exposer à l'air pendant vingt-quatre heures.

Plusieurs éducateurs diffèrent quelque peu dans le mode de conservation de la graine : lorsqu'ils jugent qu'elle peut être serrée, ils mouillent à l'eau tiède l'étoffe sur laquelle les œufs sont déposés, et raclant, avec un couteau d'ivoire qui ne peut endommager la graine, ils l'enlèvent et la font sécher ; puis, lorsqu'elle est bien sèche, bien séparée l'une de l'autre, et qu'elle présente absolument le même aspect qu'une graine végétale, ils la placent dans de petites bouteilles ou dans des boîtes de fer-blanc, qu'ils déposent dans un lieu sec, exempt d'humidité et à la température précédemment indiquée.

Nous avons vu au chapitre des maladies des Vers à soie, et en rappelant les expériences faites par M. le docteur Bérard, que, pour éviter la muscardine, dans certains cas on devait passer les ustensiles servant à l'éducation dans une solution préparée d'eau et de sulfate de cuivre ; nous devons ajouter ici que ce zélé expérimentateur conseille également, lorsqu'on a quelques doutes que la graine peut être infectée des élémens de la maladie, de la passer, avant de la faire éclore, dans cette solution composée selon les proportions que nous avons fait connaître. D'après ce conseil, si au lieu d'attendre le moment de l'éclosion on se servait pour détacher les œufs de la toile d'une eau ainsi préparée, on aurait peut-être l'avantage de détruire beaucoup plutôt le germe pernicieux qui ne peut que nuire à la graine lorsqu'il y est inhérent ; nous pensons donc qu'il serait utile de tenter quelques expériences à cet égard.

L'éclosion de la graine doit avoir lieu, ainsi que nous l'avons dit, au moment où les muriers peuvent suffire à la nourriture des Vers : néanmoins, il arrive quelquefois que l'élévation subite de la température mette les œufs en danger d'éclore avant la pousse suffisante des feuilles ; il importe alors de parer à cet inconvénient, ce qui se fait en transportant la graine dans des endroits où la température est bien au-dessous de celle du dehors, comme dans des caves ou des glacières. M. Aubert, que nous avons déjà eu l'occasion de citer, a plusieurs fois employé ce moyen à Neuilly, et il parait qu'il lui a réussi. Cet habile éducateur a même tenté d'autres essais : au lieu de faire éclore la graine au temps voulu, il l'a laissée dans la glacière, remettant l'éducation à l'année suivante; mais les résultats qu'il attendait de cette expérience ne semblent pas avoir rempli cette attente, et nous devons penser avec lui que si le recours à la glacière peut avoir lieu, pour empêcher une éclosion trop hâtive, c'est peut-être à tort que l'on cherche à enfreindre totalement les lois de la nature relatives à la propagation.

Nous ne terminerons point ce chapitre sans dire un mot des expériences qui ont été faites au sujet des éducations multiples, et qui, nous devons le reconnaître, offrent de grandes chances de succès en France, bien qu'elles n'aient pas encore entièrement réussi. On sait que ces éducations ont lieu généralement en Chine où elles sont favorisées par le climat, et où l'on possède une variété dont la graine peut éclore peu de temps après la ponte : d'utiles essais ont donc été tentés par plusieurs éducateurs et aux Bergeries mêmes, pour parvenir à ce but; mais sur deux éducations qui ont été faites dans la même saison, à six semaines d'intervalle et avec de la graine provenant de la première pour la seconde éducation, on n'a obtenu que des cocons d'une qualité très médiocre et hors d'état d'être filés. De nouvelles expériences sur le même sujet fixeront, sans doute encore, l'attention de MM. Beauvais, et nous devons tout attendre de leurs recherches et de leurs lumières, car si le succès est possible, ils ne pourront manquer de l'obtenir.

Ce qui, au surplus, semblerait présager la réalisation d'un vœu aussi général, c'est la communication qui a été faite à l'Académie des Sciences, dans la séance du 15 avril 1839, d'une note adressée par M. Bonafous de Turin. Ce savant annonce que, s'étant rendu à Pistoïa en Toscane, où de belles et nombreuses magnaneries sont en pleine activité, il a acquis la certitude et a pu se convaincre par lui-même, de la possibilité, non-seulement d'une double, mais même d'une triple éducation dans la même année.

Ainsi donc plus que jamais la lice est ouverte, et c'est aux éducateurs en grand, appelés à jouir les premiers des avantages résultant de ce système, à rechercher les moyens de le faire réussir parmi nous.

CHAPITRE XIV,

De l'étouffement des Chrysalides, et du soin des Cocons destinés au tirage de la soie.

L'étouffement des chrysalides renfermées dans les cocons destinés au tirage de la soie, devant précéder l'époque de leur transformation, nous aurions pu nous occuper d'abord de cette circonstance, et ne traiter qu'ensuite de la conservation de la graine, qui n'arrive que quelque temps après ; mais nous avons pensé qu'il était préférable de ne point scinder ce qui était relatif à la seconde partie de l'existence du Ver à soie, et comme dans le chapitre XII, nous avions traité de la ponte, il nous a semblé naturel d'indiquer immédiatement quels étaient les soins à prendre pour conserver et mettre à l'abri de l'intempérie des saisons, la graine précieuse qui en était le résultat.

Nous nous reporterons donc au moment où les cocons attendent paisiblement sur les cabanes, le travail de la nature. Nous avons vu que le Ver mettait environ quatre à cinq jours pour parfaire son enveloppe, et que sa transformation n'arrivait que vers le dix-neuvième après la montée ; on peut donc en toute sûreté choisir le huitième pour procéder à l'étouffement.

Il semble au premier aspect que cette opération ne doive pas présenter de grandes difficultés, ou plutôt qu'il ne puisse en résulter beaucoup d'inconvéniens, et qu'il suffise de tuer la chrysalide n'importe par quel moyen : il n'en est cependant pas ainsi, et tout en faisant périr l'insecte, il faut veiller à ce que le cocon ne soit point taché, et à ce que la soie ne s'endommage pas, par le mode d'étouffement que l'on a choisi.

Plusieurs moyens ont été indiqués par les anciens auteurs, et souvent mis en pratique tant autrefois que de nos jours ; mais il en est de nouveaux qui nous paraissent bien préférables, puisqu'ils réunissent à la fois la promptitude d'exécution , l'absence de tous dangers, et qu'il n'en peut résulter aucune avarie pour la soie. Nous allons néanmoins exposer brièvement les divers systèmes employés , en rappelant toutefois que notre ouvrage a été écrit plutôt pour ceux qui ne veulent s'adonner qu'à des éducations de peu d'importance, et en quelque sorte d'agrément ou d'essai, et que c'est aux hommes possédant des connaissances profondes en cette partie que devront s'adresser les personnes qui seraient dans l'intention de fonder de grands établissemens et de connaître plus en détail tout ce qui a rapport à l'éducation des Vers à soie.

Un des premiers moyens qui aient été employés a été d'exposer les cocons à l'ardeur du soleil au moment où il est le plus élevé,

et par conséquent le plus chaud, et de les laisser ainsi environ quatre heures; mais, comme
on l'a fait observer, ce moyen peut être
assez long, rien n'assurant que l'état atmo-
sphérique permettra toujours de s'en servir;
or, comme le temps pendant lequel on peut
procéder à l'étouffement, est compté, il faut
le mettre à profit, afin d'éviter en retardant
l'opération de voir éclore les papillons. On
a donc cherché à remplacer la chaleur du
soleil par une chaleur artificielle, et c'est
celle d'un four chauffé à 75 degrés Réaumur
que l'on a choisie.

Cette méthode peut être suivie en tous
temps, et mise en pratique surtout pour de
petites quantités et dans l'hypothèse que
nous avons posée précédemment. On place
les cocons dans des boîtes ou corbeilles, et
la chaleur fait périr la chrysalide; mais il
peut en résulter quelques inconvéniens.
Cette chaleur n'étant pas assez vive pour
tuer instantanément la chrysalide, elle est
pour ainsi dire exposée à une sorte de cuis-
son, et il arrive souvent que le cocon est

taché par quelque matière découlant de l'insecte torturé par l'action progressive du calorique : de plus, laissé trop long-temps à un degré aussi élevé, le cocon se dessèche et la soie devient cassante.

Un autre moyen qui peut également être mis en usage pour de petites quantités. est celui de l'eau bouillante employée comme bain-marie : on place les cocons dans un vase quelconque fermé hermétiquement, et on le plonge dans l'eau arrivée au degré d'ébulition où on le laisse une demi-heure au plus. Nous ne parlerons du moyen direct de l'eau bouillante que pour dire qu'il ne doit jamais être employé : on conçoit en effet que la soie étant mouillée doit, quelques précautions que l'on prenne ensuite pour faire sécher les cocons, conserver une humidité qui, si on ne procède aussitôt au tirage, peut faire tomber la chrysalide en putréfaction, et par suite détériorer la soie.

Mais, de tous les moyens tentés jusqu'à ce jour, celui par la vapeur paraît avoir eu le plus de succès, et serait toujours employé s'il pouvait être mis à exécution pour les plus petites comme pour les plus grandes quantités.

L'appareil nécessaire à ce mode d'étouffement consiste en une caisse en bois ou en maçonnerie à plusieurs étagères, sur lesquelles sont placés les cocons, et dans laquelle circulent plusieurs tuyaux partant d'une chaudière à vapeur. On place les cocons, on introduit la vapeur dans les tuyaux, et un thermomètre placé intérieurement indique le degré de chaleur. Un quart-d'heure ou vingt minutes au plus d'exposition dans cet appareil suffisent pour tuer les chrysalides sans que les cocons en soient aucunement altérés, ni qu'il puisse en résulter aucun inconvénient pour l'avenir. Lorsqu'on ne peut employer la vapeur, c'est au moyen d'un poêle préparé à cet effet que se chauffe l'appareil.

Nous ne terminerons point ce chapitre sans rappeler encore une des nombreuses expériences faites par M. Beauvais au sujet de l'étouffement de la chrysalide. Aidé de la savante traduction de M. Julien, dans laquelle nous apprenons que les Chinois faisaient périr leurs chrysalides en les plaçant dans des vases bien clos et en les couvrant de sel, M. Beauvais, toujours à la recherche d'idées nouvelles qu'il puisse développer et faire fructifier, et dont l'unique but est d'améliorer sans cesse, voulut essayer si un mode à peu près semblable ne réussirait pas également parmi nous. Il prit à cet effet un vase dans lequel il mit ses cocons alternés par une couche de sel bien sec et sans la moindre humidité, de quatre centimètres d'épaisseur par chaque couche de cocons, de vingt centimètres aussi d'épaisseur, qu'il eut soin de séparer par des feuilles de papier trouées : il emplit ainsi ce vase, le ferma bien hermétiquement, et après huit jours d'attente, découvrit à sa grande satisfaction que son expérience avait eu un plein succès. En effet, ainsi privée d'air, la chrysalide avait succombé, et le sel ayant attiré l'humidité produite par le corps de l'insecte mort, l'avait desséché.

Cette expérience avait donc réussi, mais ce mode d'exécution pouvant exiger d'assez fortes dépenses pour de plus grandes quantités, nous ne pensons pas qu'il puisse être facilement suivi.

Nous venons d'exposer les divers moyens employés pour tuer la chrysalide et l'empêcher de nuire au cocon destiné au filage : ici devrait s'arrêter ce que nous avions à dire sur les Vers à soie, mais nous avons pensé qu'il ne serait pas inutile de toucher quelques mots sur le dévidage du cocon appelé *tirage* de la soie, et sans avoir la prétention de nous étendre sur ce sujet, il nous suffira d'indiquer succinctement les particularités principales de ce que nous pourrions appeler l'acte de transition de l'éducation à l'industrie.

Nous ne conseillerons point aux éducateurs qui n'auront recueillis que quelques kilogrammes de cocons de les dévider par eux-mêmes : ils le pourraient cependant, mais ils auront toujours plus d'avantage à les porter dans de grandes magnaneries, réunissant tout ce qui est nécessaire pour cette opération ; souvent aussi, ce sera pour eux le moyen le plus sûr et le plus facile de se défaire d'une récolte trop peu considérable pour lui trouver aisément un autre débouché.

Lorsqu'on veut procéder au dévidage des cocons, on emplit d'eau de rivière une bassine d'un décimètre de profondeur et de cinquante centimètres de diamètre : on chauffait autrefois cette bassine par le bois ou le charbon ; mais depuis quelques années, ce mode de chauffage a été remplacé par la vapeur qui maintient bien plus facilement l'eau, au degré voulu qui est de 75 à 80. L'eau étant ainsi chauffée, on met les cocons dans la bassine de manière à en couvrir les deux tiers de la surface ; on prend ensuite une petite poignée de brins de bouleau et on bat les cocons ; l'eau dissolvant la gomme qui entoure la soie, les premiers fils s'échappent et s'accrochent au bouleau ; la fileuse, car ce sont ordinairement des femmes qui sont chargées de ce travail, re-

cueille chaque fil qu'enlève le balai, tire,
pendant quelque temps, la première soie
qui forme encore une espèce de bourre, et
lorsque vient la belle soie, réunit quatre,
cinq ou six brins, plus ou moins, selon
l'ordre qu'elle en a reçu, et les jette sur le
tour à dévider qui est mis en œuvre par une
autre ouvrière.

Attentive au mouvement de ses cocons,
que le tirage du tour fait danser sur l'eau,
la fileuse s'aperçoit au repos de l'un d'eux
qu'il cesse d'être dévidé, soit parce que le
fil en est cassé, soit parce qu'il est terminé,
d'une main elle rattrape le fil du cocon pri-
mitif ou d'un autre, le lance au tour, et,
rejetant la chrysalide qui reste après le dévidage entier du cocon, continue successivement jusqu'à ce que la récolte soit épuisée.

Tel est, en abrégé, le premier travail qui
livre à l'industrie la production du Ver à
soie; mais, nous le répétons, nous n'avons
voulu en donner qu'un aperçu, et nous allons terminer par la notice sur l'établissement des Bergeries qui, comme nous l'avons

déjà dit, mérite, sous tant de rapports, une mention particulière.

Nous aimons à croire que cette notice intéressera non-seulement ceux qui ne connaissent point encore ce type des établissemens modèles, mais ceux-là même aussi qui, l'ayant déjà visité, nous sauront gré de nos descriptions, car elles ne pourront que leur rappeler les plus agréables souvenirs.

CHAPITRE XV.

Notice sur l'Etablissement des Bergeries de Sénart.

Les succès obtenus par M. C. Beauvais, dans le bel établissement créé par lui, aux Bergeries de Sénart, sont tellement connus, son nom, attaché d'une manière si honorable à tout ce qui a rapport à l'industrie séricicole, est tellement répandu, que nous éprouverions la crainte d'être accusé de ne rien dire de nouveau, si nous n'étions persuadé que l'on ne peut trop rappeler et propager les bons principes, et si nous ne savions aussi que ce qui est bien ne peut être trop souvent répété ; nous espérons donc que les détails que nous allons donner seront accueillis avec tout l'intérêt qu'ils méritent.

A quelques myriamètres de la capitale, non loin de la forêt de Sénart, et sur la droite de la route de Paris à Corbeil, se trouvent réunis quelques bâtimens de ferme et d'habitation, connus sous le nom des Bergeries, et qui, par cette dénomination même, semblent annoncer que depuis long-temps déjà ils étaient consacrés à quelque grande exploitation agricole.

C'est dans ce lieu, si propice à ses desseins, que M. C. Beauvais eut l'heureuse idée de fonder, il y a environ douze ans, une magnancrie-modèle dans laquelle il pourrait développer et mettre en pratique les divers systèmes d'améliorations que ses longs travaux lui avaient révélés.

Secondé dans ses efforts par l'autorité administrative, M. C. Beauvais n'a cessé dès-lors d'avancer dans la voie du progrès, et ceux qui, à une certaine époque, ne considéraient ses idées que comme de brillantes utopies, ont reconnu, depuis long-temps déjà, que ces mêmes idées étaient réalisables, tant peuvent la persévérance et le savoir unis à la ferme volonté de réussir !

Le bâtiment dans lequel est établie la magnanerie proprement dite, a vingt-quatre mètres de longueur sur sept de largeur ; au rez-de-chaussée sont les magasins propres à resserrer les ustensiles nécessaires , et même la feuille lorsqu'elle vient d'être cueillie. La pièce où sont les rayons sur lesquels les claies sont placées, est à l'étage supérieur, a environ cinq mètres de hauteur et est divisée par un plancher à claire-voie, remplaçant désormais les échelles roulantes au moyen desquelles on atteignait aux claies les plus élevées. Quatre rangs de rayons rè=

gnent dans toute la longueur de la magnanerie : placés à soixante-cinq centimètres
(2 pieds) de distance les uns des autres,
on peut facilement circuler autour, et leur
construction en bois blanc et parfaitement
exécutée ne laisse rien à désirer. Ces rayons
sont superposés à quarante-huit centimètres
(18 pouces) environ de distance, et les claies
mobiles posant sur des tasseaux formant
saillie en dessous, peuvent facilement s'enlever lors du délitement ; un rebord de cin-
quante-cinq millimètres règne autour des
rayons, afin de contenir le Ver et parer aux
chûtes qu'il pourrait faire, et chaque claie
a deux mètres environ de longueur sur quatre-vingts centimètres de largeur.

A l'extérieur de la magnanerie et adossée
à l'un des murs de côté est située la chambre
chaude où la chaleur est alimentée par trois
poëles en fonte dont l'ouverture se trouve
en dehors ; des gaines placées dans cette
chambre et qui s'ouvrent et se ferment à volonté, portent la chaleur dans la magnanerie où sont pratiquées des bouches inférieures

par lesquelles l'air chaud ou l'air froid se répand de tous côtés : d'autres bouches ou gaînes sont également pratiquées au plafond et servent à la sortie de l'air.

Sur le haut du bâtiment et au-dessus de la chambre chaude, est établi un appareil de ventilation correspondant aux gaînes supérieures de la magnanerie, par une autre gaîne à l'extrémité de laquelle est une cheminée d'appel ; c'est par cette cheminée que s'échappe l'air de la magnanerie, et lorsque le besoin l'exige on active la ventilation au moyen d'un tarare qui aspire cet air avec la plus grande vitesse et le rejette aussitôt au dehors ; et, comme il est continuellement remplacé, ainsi que nous l'avons dit, par les gaînes inférieures l'appareil établit de cette manière une libre circulation et purifie sans cesse l'atmosphère, en n'y laissant séjourner aucun principe qui pourrait la vicier.

Ce système si précieux de ventilation, créé par M. Darcet, auquel les sciences et les arts sont redevables de tant de progrès, a encore subi depuis peu des améliorations dues à M. Combes, ingénieur et inspecteur des mines, qui ont été adoptées en premier lieu par M. Beauvais, puis par M. Aubert, et successivement par plusieurs autres éducateurs.

La description de ce nouvel et ingénieux appareil ayant déjà été publiée dans divers ouvrages, et notamment dans les *Annales de la Société séricicole*, nous ne la donnerons pas de nouveau, et nous nous contenterons de mentionner, d'une manière toute particulière, M. Clair, l'habile mécanicien chargé par l'inventeur lui-même de la confection de ces appareils (1).

Lorsque nous avons eu l'honneur de visiter l'établissement qui fait l'objet de cette notice, nous n'avons pu juger de l'effet que peut produire ce ventilateur, car il ne fonctionnait pas, le temps de l'éducation n'étant

(1) M. Clair, constructeur d'appareils et de modèles en relief, rue du Cherche-Midi, 93, à Paris. L'empressement et l'obligeance qu'il a mis à me communiquer ses divers appareils et ses charmans modèles de magnanerie, dont quelques-uns doivent figurer cette année à l'Exposition des Produits de l'Industrie, me font un devoir de lui en adresser ici mes sincères remercîmens.

point encore arrivé : mais M. Beauvais s'en est tellement applaudi, que nous ne doutons pas qu'on ne puisse retirer les plus grands avantages de son application ; ainsi désormais quelque soit le nombre de Vers que contiendra la magnanerie, un air pur et libre y régnera constamment.

Une autre innovation non moins heureuse que les précédentes, a été introduite aux Bergeries : c'est l'emploi d'un petit appareil appelée *Damon*, du nom de l'inventeur, au moyen duquel on peut connaître la quantité d'air qui sort de la magnanerie. Cet appareil très simple a quelque analogie avec le tarare ordinaire, et se compose de quatre ou six ailes ou aubes en carton léger, montés sur un petit arbre tournant : placé à l'extrémité de la dernière gaîne supérieure, tout l'air qui s'échappe de la magnanerie agit sur lui et lui imprime un mouvement de rotation plus ou moins vif, selon que l'air sort avec plus ou moins de rapidité. Une espèce de compteur à sonnerie mis en mouvement par la machine elle-même complète le mécanisme et fait connaître à l'audition le degré de vitesse qui chasse l'air à travers l'appareil.

En outre de l'immense salle dont nous avons donné la description, l'établissement possède plusieurs autres pièces destinées aux divers services de l'éducation. Ainsi, à cinquante mètres environ du bâtiment principal, se trouve la chambre d'éclosion, chauffée par un poële placé au rez-de-chaussée, et dans laquelle les Vers restent souvent pendant le premier âge. C'est également dans cette pièce qu'est construit le nouvel appareil, espèce d'armoire en maçonnerie servant aujourd'hui pour l'étouffement des cocons, et qui peut se chauffer à un degré très élevé, l'air chaud étant encore activé par un tarare spécial.

Bien que nous l'ayons déjà mentionné précédemment, nous répéterons ici que MM. Beauvais coupent, durant les premiers âges, la feuille qu'ils donnent aux Vers; qu'à l'instar des Chinois, c'est avec un tamis qu'ils répandent cette feuille sur les claies ; qu'ils se servent de filets pour opérer les délitemens, et qu'enfin les cabanes qu'ils élèvent pour la montée des Vers sont exécutées ainsi que nous l'avons décrit au chapitre X.

Les tours au moyen desquels se dévide la soie ne sont pas moins remarquables que tout ce qui précède. Chauffée par la vapeur, l'eau des bassines où se jette le cocon est mise en ébulition en moins de deux minutes ; les tours doubles sont mis en jeu par un manége que fait mouvoir également la vapeur, et la soie est dévidée avec une promptitude et une régularité parfaites.

Enfin, un autre appareil de ventilation sert encore à sécher et purifier les feuilles destinées à la nourriture des Vers.

La magnanerie des Bergeries se distingue également, ainsi que nous l'avons déjà dit, par ses belles plantations de muriers, qui occupent déjà dix-huit hectares (trente-six arpens), et qui ont pu fournir jusqu'à ce moment à une éducation de près de 16 onces (5 hectogrammes) : mais plus tard,

et alors que toute la plantation sera en rapport, elle pourra donner des résultats bien
autrement importans.

Ce n'est pas seulement par la mise en
pratique des bonnes méthodes dues à ses
propres recherches et à ses travaux que se
distingue M. Camille Beauvais, c'est aussi
par son zèle actif et son véritable désinté-
ressement. Les heureuses découvertes qu'il
fait, il ne les applique pas qu'à son établissement et ne les circonscrit point dans un
étroit rayon, il les proclame au contraire,
et fait profiter chacun de ses expériences,
dans des leçons toutes gratuites et qui deviennent des cours de tous les instans,
puisqu'ayant lieu pendant le temps de l'é-
ducation, ils permettent à ceux qui les sui-
vent d'étudier sur la nature même, et de
pouvoir juger immédiatement de l'excel-
lence des principes qui leur sont développés.

On ne devra donc point s'étonner qu'a-
vec de semblables élémens, l'établissement
des Bergeries n'ait cessé de prospérer depuis
sa fondation ; les résultats sont tels, qu'au-

jourd'hui ils égalent et surpassent même ceux des plus belles magnaneries du Midi, bien que ces dernières soient dans un climat beaucoup plus favorable; et ces produits déjà si satisfaisans ne pourraient qu'augmenter si, utilisant les emplacemens magnifiques que présente le terrain. MM. Beauvais faisaient construire de nouvelles galeries plus spacieuses encore que celle existant aujourd'hui, et où leurs profondes connaissances leur permettraient de mener à bien les plus grandes éducations qu'il leur plairait d'entreprendre.

L'établissement des Bergeries doit donc être regardé à juste titre comme l'un des plus importans en France, non à cause de ses produits, mais par suite des améliorations que ses fondateurs ont apportées dans l'industrie séricicole, et du pas immense qu'ils ont fait faire à la science. Déjà dans plusieurs départemens les méthodes de M. Beauvais sont adoptées, et dans peu sans doute elles seront généralement admises.

C'est ainsi que cette belle industrie, encouragée d'ailleurs par les plus augustes suffrages, prendra de jour en jour plus d'extension, affranchira tôt ou tard notre pays d'un impôt de plus de soixante millons qu'il paie encore à l'étranger pour l'importation des soies, et saura nous procurer une heureuse et importante victoire dont le souvenir ne sera troublé par aucuns regrets! Ces étoffes précieuses, dont le prix élevé n'en permet encore l'acquisition qu'au plus petit nombre, deviendront moins rares, et les bienfaits de ce nouveau progrès industriel se répandront de tous côtés. C'est alors aussi que chacun rendra plus que jamais hommage à ces généreux citoyens, dont les veilles et les travaux auront produit de tels résultats, et témoigné tout à la fois de leur dévoûment à la patrie et de leur désir d'être utiles à leurs semblables!

FIN.

TABLE

DES MATIÈRES.

CHAPITRE HUITIÈME.

FIN DE LA TABLE.